La Fisica del Suono e della Musica

Isidoro Ferrante

La Fisica del Suono e della Musica

Teoria ed esperimenti pratici

Springer

Isidoro Ferrante
Fisica
Università di Pisa
Pisa, Italy

ISBN 978-3-031-86343-1 ISBN 978-3-031-86344-8 (eBook)
https://doi.org/10.1007/978-3-031-86344-8

This Springer imprint is published by the registered company Springer Nature Switzerland AG
The registered company address is: Gewerbestrasse 11, 6330 Cham, Switzerland

A Eleonora, con tutto il mio amore

Ringraziamenti

Desidero ringraziare in primo luogo il prof. Pier Luigi Braccini per il suo costante incoraggiamento ed i suggerimenti preziosi. Ringrazio anche i prof. Sergio Giudici, Marco Sozzi e Steve Shore per le informazioni, i suggerimenti sul materiale bibliografico e le interessanti discussioni. Ringrazio infine la mia famiglia per la loro pazienza nei giorni di preparazione del manoscritto.

Introduzione

Questo libro raccoglie diversi esperimenti ideati negli anni passati per illustrare e vivacizzare alcune lezioni effettuate presso i licei sui legami che esistono tra la fisica e la musica. Questi stessi esperimenti sono stati anche al centro di una serie di corsi di aggiornamento per gli insegnanti delle scuole medie e superiori. Tutte le attività proposte sono realizzate con materiali di basso costo, o alternativamente già presenti in casa o a scuola per altri motivi (mi riferisco in particolare al computer e/o telefonino, le attrezzature in assoluto più costose e raffinate tra quelle adoperate). La maggior parte delle esperienze proposte non è una semplice dimostrazione di un fenomeno fisico, ma più spesso una misura, o la verifica di una legge fisica. Lo spirito che anima queste pagine è quello di insegnare a sperimentare con basso budget, senza un vero laboratorio: è chiaro che non tutto si può fare in questo modo, e che per osservare molti fenomeni servono attrezzature più costose, ma la pratica della sperimentazione aiuta a creare la forma mentis che sarà poi quella dello scienziato.

Nota bibliografica

Le formule adoperate in questo testo non sono quasi mai ricavate dai principi fisici: a volte vengono semplicemente enunciate, altre volte giustificate. Inoltre la trattazione della teoria è funzionale agli esperimenti descritti. Per una trattazione più rigorosa, conviene rifarsi ad un testo più ampio. Qui purtroppo sorge un problema, in quanto i migliori testi in italiano sono fuori catalogo, o si occupano solo marginalmente degli aspetti musicali: nella prima categoria rientra ad esempio il testo di Andrea Frova *Fisica nella Musica* [1], mentre nella seconda categoria i principali manuali di acustica, ad esempio il *Manuale di acustica applicata* di Renato Spagnolo [2] . Diversa è la situazione per quanto riguarda i testi in inglese: infatti, oltre al classico testo di Neville H. Fletcher e Thomas D. Rossing *The Physics of Musical Instruments* [3], il cui primo capitolo teorico è stato anche pubblicato separatamente col titolo *Principles of Vibrations and Sound* [4], esistono una infinità di testi che trattano approfonditamente il rapporto tra fisica e musica ed il funzionamento degli

Figura 1 Hermann von Helmholtz e John William Strutt, Lord Rayleigh (immagini di pubblico dominio)

strumenti musicali. Si citano, a titolo di esempio, i testi di Hartmann, Ramsey, Tsuji [5–7], per limitarsi a quelli da me consultati, ma l'offerta esistente è davvero sorprendentemente vasta! Questo testo non intende sopperire alle carenze del mercato italiano, ma offrire una guida alla scoperta della conoscenza dei legami tra fisica e musica e proporre spunti di riflessione per un percorso didattico [8].

Non dimentichiamo comunque i primi testi sull'argomento, vere pietre miliari, ovvero il testo di Hermann von Helmholtz, medico e fisico tedesco, *Die Lehre von den Tonempfindungen als physiologische Grundlage für die Theorie der Musik* che nel 1863 gettò le basi della scienza della musica, e che, tradotto in inglese con titolo *On the sensation of tone* [9] è tuttora disponibile in edizione economica, ed il testo di John William Strutt, meglio conosciuto come Lord Rayleigh, intitolato semplicemente *Theory of Sound* [10]. Entrambi i testi si trovano in versione elettronica sul sito Internet Archive o nel sito del Progetto Gutenberg.

In italiano, tuttavia, esiste l'ottimo sito realizzato dall'Università di Modena e Reggio Emilia, dal titolo *Fisica, onde e musica*[1] che invito tutti ad andare a consultare. Consiglio infine il libro di Silvia Bencivelli, *Perché ci piace la musica. Orecchio, emozione, evoluzione* [11] che affronta il problema dal punto di vista biologico e psicologico.

---

[1] https://fisicaondemusica.unimore.it/.

Contenuti

Capitolo 1
Cenni di teoria: produzione, trasmissione, percezione del suono

Il suono è una vibrazione coerente delle molecole dell'aria. Coerente vuol dire che nella stessa regione di spazio ogni molecola oscilla intorno ad una posizione media assieme alle molecole vicine. Non si tratta di una vera oscillazione sinusoidale, in quanto il moto della singola particella è dominato dal moto termico casuale e dagli urti con le altre molecole; ma mediando su regioni di spazio sufficientemente grandi e su intervalli di tempo abbastanza lunghi si nota che le molecole si muovono da zone in cui la densità è più alta rispetto al valore medio verso zone in cui la densità è più bassa. Perché si verifichi un movimento oscillatorio deve essere presente un oggetto in grado di produrre le vibrazioni: ad esempio, pensiamo alla membrana di un altoparlante fissata ad un pannello rigido. La membrana dell'altoparlante si può spingere in avanti aumentando la densità delle molecole sulla sua superficie: questo aumento di densità porterà le molecole a spostarsi verso l'esterno; nel ciclo di vibrazione successivo la membrana tornerà indietro generando al contrario una zona di depressione che richiamerà indietro le molecole: le molecole più lontane nel frattempo si saranno già messe in moto, e avranno trasmesso energia a molecole via via sempre più lontane. Quindi in definitiva, mentre le singole molecole si limitano ad andare avanti ed indietro seguendo il moto dell'altoparlante, la loro energia si trasmette a distanze sempre più grandi. Le zone di alta e bassa pressione che si succedono a causa del movimento della membrana dell'altoparlante si spostano, loro sì, allontanandosi dalla sorgente ad una velocità detta velocità del suono, che vedremo essere vicina ai 340 m/s, e che non ha nulla a che fare con la velocità della singola molecola d'aria. Dopo essersi spostate, le zone di alta o bassa pressione e densità possono raggiungere un oggetto, urtarlo, spingerlo o tirarlo, ed in definitiva metterlo in moto fornendogli energia. Questo trasporto di energia senza trasporto di materia attraverso un mezzo elastico, come l'aria, è proprio caratteristico dei fenomeni ondosi. Quando l'onda raggiunge infine il nostro orecchio, una parte di questa energia viene trasformata in un segnale nervoso che giunge al cervello dove viene elaborato. Conviene dire subito che il nostro orecchio risulta sensibile a oscillazioni che avvengono con frequenza di qualche decina al secondo fino a qualche decina di migliaia: anzi, per essere precisi, il range delle oscillazioni che definiamo suono (con una visione antropocentrica) è quello compreso tra 20 Hz e 20 kHz: oscillazio-

I. Ferrante, *La Fisica del Suono e della Musica*,
https://doi.org/10.1007/978-3-031-86344-8_1

ni di frequenza inferiore costituiscono gli infrasuoni, ed oscillazioni di frequenza superiore gli ultrasuoni.

Compito di questo capitolo sarà quello di analizzare tutta la catena del suono, dalla generazione alla trasmissione fino alla percezione: sarà necessario fornire un piccolo bagaglio matematico che permetta di quantificare i fenomeni. Cominceremo quindi con rapidi cenni dalla teoria delle vibrazioni, a partire da quelle basilari.

1.1 Il moto armonico semplice

Il moto armonico semplice è l'oscillazione elementare, che costituisce l'elemento di base con cui vengono costruite le oscillazioni più complesse. Per descrivere il moto armonico semplice, solitamente si parte dal moto circolare uniforme (vedi figura 1.1): nel moto circolare uniforme un punto descrive una circonferenza di raggio A con velocità angolare costante. Scegliamo un sistema di coordinate cartesiano nello stesso piano del moto, con origine nel centro della circonferenza: allora l'angolo formato tra il vettore posizione $\vec{r}$ e l'asse x, chiamato α, varia nel tempo secondo la legge: $\alpha = \omega t + \phi$, L'angolo α è detto fase istantanea del moto, mentre l'angolo ϕ è la fase all'istante $t = 0$, ovvero la fase iniziale del moto. La quantità ω è detta velocità angolare, e dice quanto varia l'angolo in funzione del tempo. Gli angoli solitamente si misurano in verso antiorario rispetto all'asse x, per cui $\omega > 0$ corrisponde ad una rotazione in senso antiorario ed $\omega < 0$ in senso orario. In fisica spesso si preferisce misurare gli angoli in radianti: quindi nel tempo T necessario per compiere un giro, detto periodo di rotazione, l'angolo α cambia di 2π, per cui $\omega = \frac{2\pi}{T}$: la velocità angolare si misura quindi in radianti al secondo. L'inverso del periodo è il numero di rotazioni effettuate in un secondo, ovvero la *frequenza* del moto: questa parola la incontreremo spessissimo nel seguito del volume. Sappiamo che nel moto circolare uniforme la velocità è tangente al cerchio, e ha modulo costante ed uguale a $\frac{2\pi A}{T} = \omega A$. Ma se il modulo della velocità è costante, non lo è la direzione, per cui nel moto circolare uniforme esiste anche una accelerazione: si trova che questa è diretta verso il centro (centripeta) e ha modulo uguale a $a = \omega^2 A$.

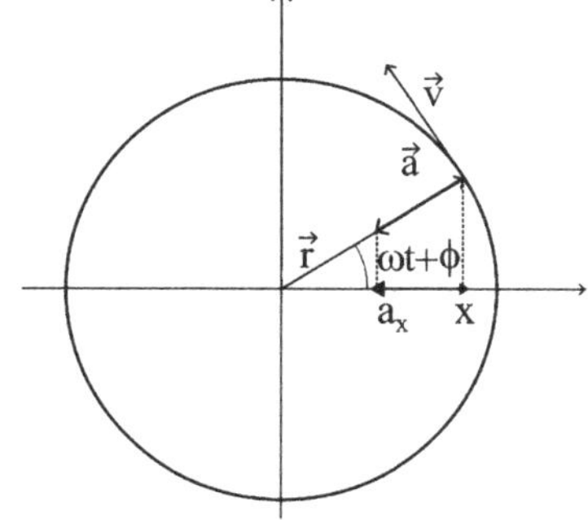

Figura 1.1 Schema del moto circolare uniforme. La velocità è sempre ortogonale alla posizione mentre il vettore accelerazione è sempre opposto al vettore posizione. Il moto armonico semplice corrisponde al moto della proiezione del punto sull'asse x

Possiamo proiettare queste grandezze sull'asse x: troviamo allora che, in coordinate cartesiane, la posizione x della particella è data da

$$x(t) = A\cos(\omega t + \phi) \tag{1.1}$$

mentre la velocità è data da:

$$v_x(t) = -\omega A\sin(\omega t + \phi)$$

ed infine l'accelerazione:

$$a_x(t) = -\omega^2 A\cos(\omega t + \phi)$$

Queste sono le formule del moto armonico semplice, che descrivono una oscillazione intorno al punto $x = 0$ di ampiezza pari al raggio A: nonostante siano state ricavate a partire dal moto circolare, sono però indipendenti da questo, per cui possiamo dimenticare la loro origine e concentrarci sul loro significato. Osserviamo che l'ultima formula si può scrivere come:

$$a_x(t) = -\omega^2 x(t)$$

ovvero: l'accelerazione nel moto armonico semplice è opposta allo spostamento dal centro del moto, e proporzionale a questo: tanto più il corpo si sposta dal centro delle oscillazioni, tanto maggiore è l'accelerazione.

Possiamo osservare l'andamento temporale di posizione, velocità e accelerazione in figura 1.2:

Adesso possiamo passare dalla cinematica allo studio della dinamica del moto armonico semplice: sappiamo che, dalla legge di Newton, l'accelerazione moltiplicata per la massa del punto materiale è uguale alla forza che causa il moto: per cui il moto armonico semplice deve essere prodotto da una forza del tipo:

$$F = ma = -m\omega^2 x$$

che altro non è che la legge di Hooke, che descrive il funzionamento della molla in regime elastico:

$$F = -kx. \tag{1.2}$$

Possiamo allora concludere che il moto armonico semplice corrisponde a quello di una massa attaccata ad una molla di costante elastica k: si deve avere

$$m\omega^2 = k \implies \omega = \sqrt{\frac{k}{m}}$$

La quantità ω, una volta slegata dal significato originale di velocità angolare, viene chiamata *pulsazione*, anche se il termine più moderno è *frequenza angolare*[1]. Noi

[1] A volte viene anche indicata col semplice termine *frequenza* : si tratta di un errore, perché può portare a confusione e a sbagliare di un fattore 2π alcune valutazioni. Tuttavia è un errore così comune che anche lo scrivente lo ha commesso spesso! Bisogna comunque che il contesto sia chiaro, ed utilizzare simboli diversi.

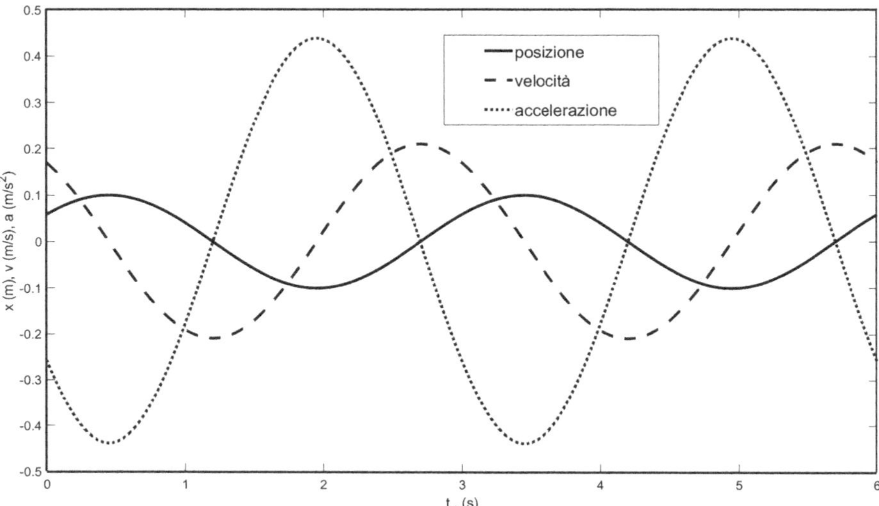

Figura 1.2 Andamento temporale di posizione, velocità ed accelerazione per un moto sinusoidale di frequenza pari ad 1/3 Hz. Il valore della frequenza è stato scelto in modo da poter riportare in un'unica scala i tre grafici, indipendentemente dalle unità di misura

però preferiremo alla frequenza angolare la frequenza *tout-court*, indicata con la lettera f minuscola o maiuscola F:

$$f = \frac{\omega}{2\pi}$$

che misura il numero di oscillazioni, o cicli, al secondo, unità di misura cui è stato dato il nome del fisico Hertz, abbreviata in Hz.

Il moto armonico semplice è una soluzione esatta delle equazioni di un oggetto che obbedisce alla legge di Hooke, nei limiti in cui questa legge è valida: solitamente questo succede quando l'ampiezza delle oscillazioni è piccola.

Un caso molto noto è quello del pendolo semplice, ovvero un corpo, di piccole dimensioni, appeso ad un filo di massa trascurabile, oscillante in un piano. Risolvendo le equazioni del moto, si scopre che il moto non segue esattamente la legge di Hooke: infatti l'angolo di oscillazione tra il pendolo e la verticale obbedisce all'equazione differenziale:

$$\frac{d^2\theta}{dt^2} = -\frac{g}{l} \sin\theta$$

tuttavia, se le oscillazioni rimangono piccole, è possibile considerare l'oscillazione del pendolo approssimativamente armonica con frequenza che dipende solamente dalla lunghezza del filo ℓ e dalla accelerazione di gravità:

$$f = \frac{1}{2\pi}\sqrt{\frac{g}{\ell}}$$

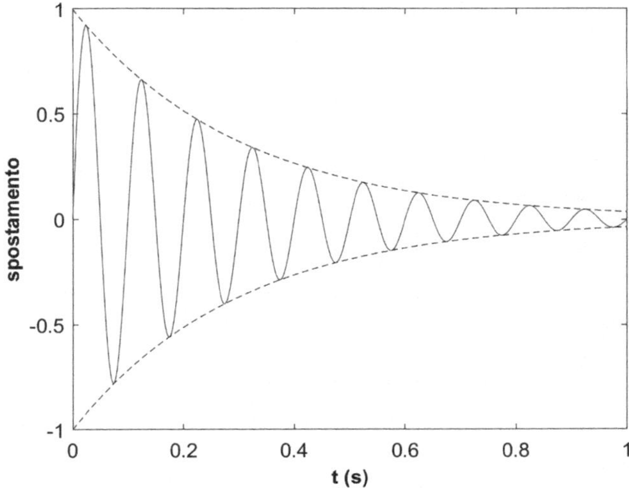

Figura 1.3 Oscillazione smorzata. Lo smorzamento è dovuto ad una perdita di energia: la velocità con cui l'energia diminuisce è proporzionale all'energia stessa dell'oscillatore. L'ampiezza (inviluppo) dell'oscillazione, segnato da una linea tratteggiata, è un esponenziale decrescente con tempo di smorzamento pari a 0.3 secondi

1.1.1 Smorzamento

La soluzione del moto armonico semplice non tiene conto delle inevitabili forze di attrito e di tutti i possibili trasferimenti di energia dall'oscillatore verso il mondo esterno. L'insieme di questi fenomeni fa sì che in una oscillazione reale l'ampiezza delle vibrazioni diminuisca col tempo. La situazione più comune è quella illustrata in figura 1.3 dove l'ampiezza decresce seguendo una curva esponenziale

$$x(t) = A \exp(-t/\tau) \cos(2\pi f t + \phi)$$

Il tempo τ è detto tempo tempo caratteristico di smorzamento dell'oscillazione: dopo un tempo τ l'ampiezza dell'oscillazione si è ridotta a circa $1/3$, dopo 2τ si è ridotta a circa $1/9$ e dopo 3τ si è praticamente estinta. A volte, invece del tempo caratteristico, si preferisce adoperare il tempo di dimezzamento, ovvero il tempo necessario perché l'ampiezza dell'oscillazione si dimezzi: risulta $T_{1/2} = \tau \log 2 \approx 0.69\,\tau$

1.1.2 Verifica sul campo

Un piccolo esperimento non direttamente attenente all'argomento di questo volume ma facilmente effettuabile riguarda il moto armonico semplice. Per questo esperimento serve una molla ed una massa. La molla deve preferibilmente essere di acciaio, e non deve essere eccessivamente rigida. La massa deve essere compatta, senza parti in movimento, e deve essere tale da riuscire ad allungare la molla in modo visibile. Si appende la molla ad un sopporto rigido, e si misura la sua lunghezza a riposo; successivamente si appende la massa con cura senza produrre oscillazioni e si misura la nuova lunghezza: sia ΔL l'allungamento misurato. La costante elastica della molla sarà data dalla relazione:

$$k\Delta L = Mg$$

ed è facilmente calcolabile una volta misurata la massa e supposta nota l'accelerazione di gravità $g = 9.81 \mathrm{m/s^2}$. Tuttavia non è questo lo scopo dell'esperimento! Si metta infatti in oscillazione la massa, cercando di fare in modo che l'unica oscillazione avvenga in direzione verticale, ovvero che non dondoli a destra e sinistra (se si scegliesse una massa di forma fortemente asimmetrica o una molla non perfettamente rettilinea, questo potrebbe essere impossibile!), e si misuri il periodo di oscillazione. Per una buona misura si contino più periodi consecutivi, ad esempio 10, e si divida per il numero totale di periodi: la precisione della misura aumenta col numero di periodi misurati. La misura può essere effettuata con un normale cronometro manuale. Il periodo misurato deve soddisfare la relazione:

$$T = \frac{2\pi}{\omega} = 2\pi\sqrt{\frac{M}{k}} = 2\pi\sqrt{\frac{\Delta L}{g}}$$

In questa espressione si vede che il valore esatto della massa risulta ininfluente, e quindi la relativa misura non è importante (questo non vuol dire che il valore della massa sia indifferente: il valore di ΔL e quello di T dipendono dalla massa, e devono essere entrambi misurabili con gli strumenti a disposizione. Questo, unito alla richiesta che lo smorzamento risulti trascurabile, fa propendere per la scelta di una massa grande.).

Possiamo quindi adoperare le misure effettuate per ottenere una stima di g:

$$g = \Delta L\left(\frac{2\pi}{T}\right)^2$$

Una versione più raffinata e più intrigante di questo esperimento può essere effettuata adoperando come massa un telefonino, e misurando l'andamento dell'accelerazione tramite l'accelerometro di bordo. Una app che permette di effettuare questo tipo di misure è Phyphox[2].

[2] La documentazione si trova sul sito www.phyphox.org.

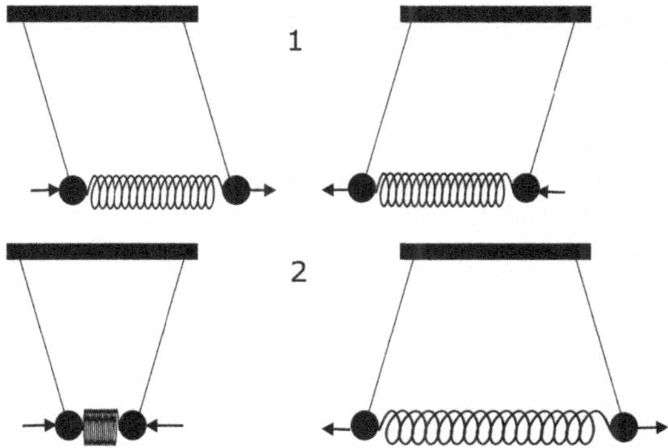

Figura 1.4 Due oscillatori accoppiati: in questo caso due pendoli collegati da una molla. I pendoli possono oscillare in due modi: o entrambi dallo stesso lato, ed in questo caso la molla non interviene, o in direzioni opposte, ed in questo caso la molla viene alternativamente compressa o allungata. Ogni modo di oscillazione ha quindi una sua frequenza

1.2 Oggetti composti

Supponiamo di mettere in vibrazione, con un colpo o con un altro metodo, un oggetto complesso, formato da diverse parti che interagiscono tra di loro. Il moto risultante sarà estremamente complicato, ma la sorpresa più grande è che sarà sempre possibile scomporre il moto nella somma di tanti moti armonici semplici: questo nell'ipotesi che il corpo abbia una sua rigidità e che le forze che lo tengono assieme siano forze elastiche per le quali vale la legge di Hooke. Per capire la loro dinamica di oscillazione, cominciamo col considerare due pendoli semplici, collegati da una molla, che in posizione di riposo non esercita alcuna forza (Figura 1.4). Vediamo che un sistema di questo tipo può oscillare in due modi diversi: infatti le due masse possono andare entrambi a destra o a sinistra (e in questo caso la molla è ininfluente) oppure possono oscillare muovendosi entrambe verso il centro o entrambe verso l'esterno (e in questo caso la molla gioca un ruolo importante). Abbiamo quindi quelli che, anche in termine tecnico, vengono chiamati due *modi* di oscillazione, ciascuno con una frequenza propria: ognuno di questi modi corrisponde ad un moto armonico semplice, ed il moto totale sarà la somma di entrambi con una miscela opportuna che dipende da come vengono messi in moto i pendoli (ovvero da quelle che in termini tecnici sono dette *condizioni iniziali*). Questo esempio può facilmente estendere: quando ho tre oggetti legati da forze elastiche, i modi di oscillazione diventano tre, e così via. Al limite, un sistema composto da N oggetti può oscillare in N modi diversi, ognuno con la propria frequenza (alcuni modi posso avere la stessa frequenza: si parla di modi *degeneri*). Ma questo non basta: se pensate che ogni massa che costituisce il sistema composto può muoversi in tre direzioni, allora il numero di modi automaticamente triplica, e lo stesso se considerate le tre possibili direzioni di rotazione. Quindi i modi di oscillazione di un sistema composto da N parti diventano addirittura $6N$, a meno che alcuni di questi non siano impediti da qualche vincolo[3]. In un oggetto solido, ogni atomo può essere considerato

[3] Se il corpo è libero di traslare o ruotare, sei di questi modi corrisponderanno appunto ai moti di traslazione e rotazione, ed i modi di vibrazione saranno $6(N-1)$.

una singola massa legata agli altri atomi dalle forze di legame, che sono in prima approssimazione elastiche: il numero di modi di oscillazione è quindi enorme, ed ognuno di questi ha la sua frequenza! Se pensate ad un gong, ad esempio, che è composto da un migliaio di volte il numero di Avogadro di atomi, capite che il numero di modi in cui può vibrare quando viene percosso è virtualmente infinito! Queste infinite oscillazioni non sono ovviamente tutte importanti allo stesso modo: i modi che coinvolgono pochi atomi non sono infatti osservabili macroscopicamente, al contrario di quelli in cui una parte intera del corpo si muove coerentemente. Questi modi di oscillazione hanno solitamente la frequenza più bassa: corrispondono a modi in cui il corpo si piega in due o tre punti, oppure si torce o ancora si allunga e si accorcia. Di questi modi di oscillazione quelli davvero importanti sono solitamente meno di una decina, anche se nel caso della corda di violino se ne possono osservare anche un centinaio. Ognuna di queste oscillazioni comunque, per quanto complicata, avviene seguendo, almeno in prima approssimazione, le leggi del moto armonico semplice: ognuna avrà inoltre il suo tempo caratteristico di smorzamento. Vedremo alcuni esempi di modi di oscillazione nei capitoli successivi.

1.3 L'analisi di Fourier

Jean-Baptiste Joseph Fourier (1768–1830) aveva partecipato alla rivoluzione francese rischiando la ghigliottina ed aveva seguito Napoleone alle piramidi prima di pubblicare il suo famoso lavoro sulla conduzione del calore, in cui presenta il metodo matematico che da lui prende il nome. In realtà sotto il nome di *trasformata di Fourier* vanno adesso diversi metodi matematici, sviluppati nei secoli successivi alla sua morte, ma che condividono con quello da lui proposto l'idea di scomporre una funzione qualsiasi in una somma, eventualmente infinita, di oscillazioni sinusoidali di frequenza diversa. Le applicazioni della trasformata di Fourier sono improvvisamente diventate pervasive della nostra vita quotidiana a partire dal 1965, quando fu scoperto un metodo veloce ed efficiente di effettuare la scomposizione tramite calcolatore: questo diede via al fiorire di una serie di algoritmi quali il JPEG, MP3, MPEG, etc, che proprio sulla trasformata di Fourier si basano per diminuire il volume dei dati in cui vengono codificati musica, immagini e filmati.

Vediamo cosa vuol dire in termini matematici: supponiamo di avere una certa grandezza fisica $x(t)$ che dipende dal tempo. Si può trattare, come nel caso del suono, della pressione in funzione del tempo, ma anche della temperatura di un corpo, della sua velocità, della forza cui è sottoposto, del campo elettrico in un punto dello spazio, etc.

Per semplificare la trattazione supponiamo che questa grandezza fisica abbia una durata limitata, diciamo T, per cui è conosciuta solamente per $0 < t < T$. Allora il teorema di Fourier dice che, se questa grandezza $x(t)$ non ha caratteristiche particolari, può essere scomposta in una somma, eventualmente infinita, di termini corrispondenti a moti armonici semplici, ovvero termini del tipo:

$$x_k(t) = A_k \cos(2\pi f_k t + \phi_k)$$

Figura 1.5 Jean-Baptiste Joseph Fourier (immagine di pubblico dominio)

dove la frequenza $k-$esima è un multiplo intero di $1/T$, ovvero $f_k = \frac{k}{T}$, e le ampiezze A_ke fasi ϕ_k vanno calcolate a partire da $x(t)$. Il grafico delle ampiezze A_k in funzione delle frequenze f_k è detto spettro di ampiezza della funzione $x(t)$, mentre il grafico delle fasi ϕ_k è detto spettro di fase (vedi figura 1.6). Quest'ultimo non è molto usato, mentre è più adoperato il grafico di A_k^2 che è detto spettro di potenza: lo spettro di potenza è chiaramente uno spettro discreto, ovvero esiste solamente in corrispondenza delle frequenze f_k. Allungando l'intervallo T le frequenze si infittiscono (la distanza tra due frequenze successive è uguale ad $1/T$) e tendono verso uno spettro continuo, ovvero definito per qualunque valore della frequenza. Se il suono $x(t)$ contiene una sinusoide con una certa frequenza definita $\overline{f}$, allora questa apparirà nello spettro come un picco, ovvero un massimo molto pronunciato, in corrispondenza delle frequenze $f_{\overline{k}}$ ed $f_{\overline{k}+1}$immediatamente precedenti e successive ad $\overline{f}$: se la frequenza non è ben definita (perché ad esempio non è esattamente costante, oppure la sua ampiezza varia, o ancora è di durata limitata) allora il picco si allargherà anche alle frequenze vicine.

La trasformata di Fourier diventa quindi lo strumento principe per determinare le frequenze dei diversi modi di vibrazione di un oggetto: basta analizzare il suono prodotto, e cercare quali sono i massimi dello spettro: ovviamente la cosa è un pochino più complessa di così: serve esperienza a riconoscere i veri massimi dalle fluttuazioni casuali presenti in ogni spettro, serve anche esperienza per riuscire ad eccitare proprio quei modi di vibrazione cui siamo interessati, e serve non solo esperienza ma anche una buona teoria ed una buona conoscenza della fisica per riuscire ad individuare delle regolarità nelle frequenze dei diversi modi e per identificare il meccanismo fisico con cui quelle vibrazioni sono prodotte ed il tipo di deformazione che il corpo subisce.

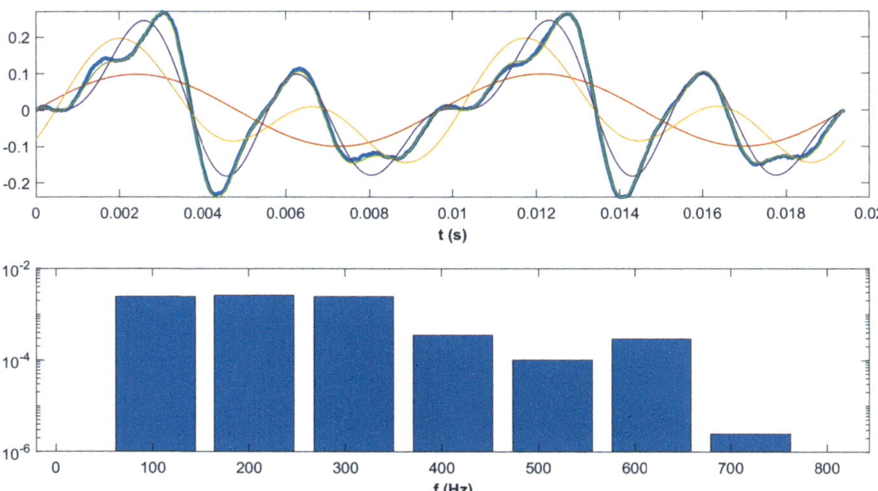

Figura 1.6 Esempio di scomposizione di Fourier: il suono originale è costituito da due periodi della vocale "e". Il grafico mostra il suono originale, la fondamentale in rosso, la somma della fondamentale e della seconda armonica in giallo, e la somma delle prime tre parziali in viola. La linea verde corrisponde infine alla somma delle prime sette componenti. La figura di sotto mostra lo spettro di potenza, limitato alle prime sette armoniche

Non tutti gli spettri presentano delle frequenze caratteristiche: esistono, lo vedremo, suoni che posseggono uno spettro più uniforme. Ma degli spettri dei suoni avremo modo di occuparci a lungo.

1.4 Onde sonore

Un corpo le cui parti vibrano trasferisce il moto alle molecole d'aria vicine, le quali a loro volta lo trasmettono, tramite gli urti, a quelle adiacenti e così via: le molecole d'aria vengono alternativamente spinte in avanti o risucchiate all'indietro, creando delle variazioni di densità e di pressione che si allontanano dalla sorgente delle vibrazioni. Il fenomeno risultante è un moto ondoso, che è sostanzialmente un moto coerente delle parti che formano un sistema in grado di trasportare energia senza che vi sia trasporto di materia.

Un modo classico di visualizzare un'onda è quello di adoperare una di quelle molle di acciaio che vengono comunemente chiamate col nome commerciale di Slinky ma che sono comunemente disponibili nei negozi di giocattoli. La molla viene tesa dapprima tirando le due estremità, e poi pizzicando un estremo: la perturbazione si propaga verso l'altro estremo e poi successivamente torna indietro. Le singole spire che formano la molla si muovono avanti ed indietro, e l'energia del moto viaggia lungo la molla, ma non c'è, chiaramente, trasporto di materia: ogni spira continua ad oscillare intorno alla sua posizione di riposo (vedi figura 1.7). La

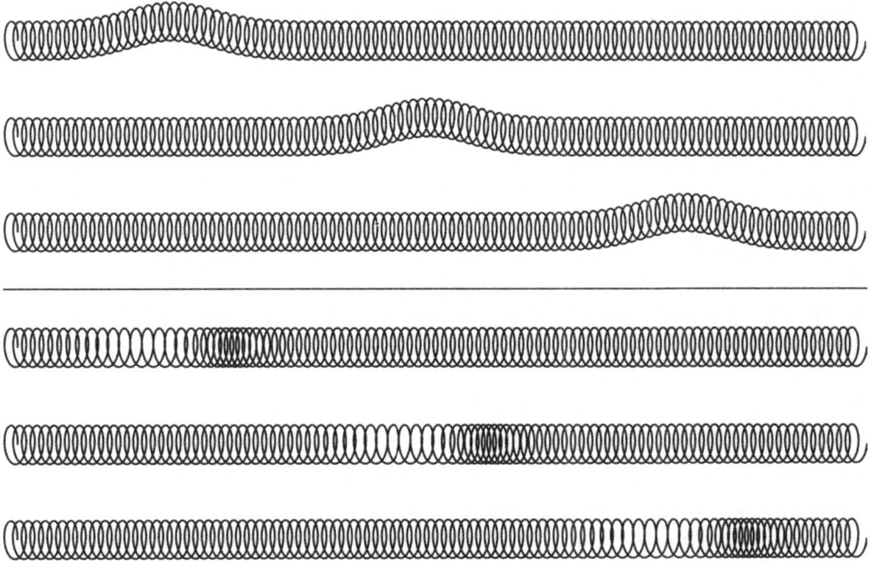

Figura 1.7 Onde elastiche su una molla: in alto, un'onda trasversale che si propaga verso destra; in basso, onda longitudinale o di compressione. Le prime sono simili alle onde che si propagano su una corda tesa, le seconde invece sono simili alle onde sonore che si propagano nell'aria

molla può essere sollecitata in due modi: o spostando trasversalmente le sue spire, come quando si pizzica una corda di chitarra, oppure comprimendo un gruppo di spire. Nel primo caso si avrà un'onda trasversale, ovvero un'onda in cui il moto delle singole parti (in questo caso le spire) avviene nel piano ortogonale alla direzione di propagazione dell'onda; nel secondo caso abbiamo un'onda longitudinale, in cui il moto delle parti avviene nella stessa direzione di propagazione dell'onda. Se facciamo davvero l'esperimento, dopo un po' si osserveranno tutti e due i tipi di oscillazione: si dice che i due modi di propagazione nella molla sono accoppiati.

Utilizziamo adesso un po' di matematica: supponiamo di avere un'onda che si propaga lungo l'asse delle x, descritta da una certa grandezza fisica A , che può essere lo spostamento delle spire dalla posizione di equilibrio, ad esempio, nel caso della molla, oppure la pressione dell'aria, come nel caso delle onde acustiche, o il campo elettrico, come nel caso delle onde elettromagnetiche. Ad un certo istante $t = 0$ l'onda ha una forma descritta dalla funzione $A(x)$: se si propaga con velocità v nel verso positivo dell'asse x allora all'istante t sarà descritta dalla funzione $A(x - vt)$: questo ovviamente nell'ipotesi che si tratti di un'onda che non si deforma mentre si propaga[4].

[4] Questo è vero per un'onda sonora nell'aria libera: in altre condizioni, in presenza di assorbimento ad esempio, o di propagazione lungo un tubo stretto, vi può essere deformazione: anzi possiamo dire che non esistono onde che non si deformano propagandosi, anche se spesso questa deformazione può essere trascurata perché piccola. Un'onda che si deforma mentre si propaga è detta dispersiva.

Lungo la direzione di propagazione, tuttavia, abbiamo due versi possibili: quindi in generale potremo avere due onde che si propagano in direzione opposta: si avrà allora

$$A(x,t) = A_+(x - vt) + A_-(x + vt)$$

dove il segno $+, -$ indica l'onda che si propaga nel verso positivo o negativo dell'asse x.

Una funzione di questo tipo è la soluzione più generale di una particolare equazione del secondo ordine alle derivate parziali, derivata per la prima volta dal matematico francese d'Alembert, e conosciuta universalmente come equazione delle onde:

$$\frac{\partial^2 A}{\partial t^2} = v^2 \frac{\partial^2 A}{\partial x^2} \tag{1.3}$$

Non ci preoccuperemo di risolvere l'equazione di d'Alembert, né di ricavarla: però è importante sapere che la stessa equazione può ritrovarsi in situazioni fisiche completamente diverse. Quando per un sistema riusciamo a scrivere una equazione come quella di d'Alembert, automaticamente sappiamo quale è la velocità con cui si propagano le onde!

Ad esempio, il moto di una corda tesa messa in vibrazione viene descritta dall'equazione:

$$\frac{\partial^2 y}{\partial t^2} = \frac{T}{m_l} \frac{\partial^2 y}{\partial x^2} \tag{1.4}$$

dove y è lo spostamento della corda, alla posizione x e all'istante t, rispetto alla posizione di equilibrio, T la tensione con cui viene tirata la corda, e m_l la massa di un metro di corda, ovvero la massa della corda per unità di lunghezza. Le deformazioni della corda in vibrazione si propagano quindi come onde lungo la corda stessa, e precisamente onde trasversali, e per giunta polarizzate: ovvero lo spostamento della corda può avvenire in due delle possibili direzioni nel piano ortogonale alla corda. Non ci serviremo del concetto di polarizzazione, per cui possiamo evitare di tenere a mente questa informazione. Dal confronto con la 1.3 si trova che la velocità con cui le onde si propagano lungo la corda è data da:

$$v_{onda} = \sqrt{\frac{T}{m_l}} \tag{1.5}$$

Questa velocità non va confusa con la velocità del suono emesso da una corda in vibrazione.

Veniamo adesso alle onde sonore. Per capirne il meccanismo che ne determina l'esistenza, consideriamo la composizione dell'aria, ovvero una miscela di gas con una pressione, temperatura e densità pressoché uniforme, o comunque che varia poco e lentamente. Chiamiamo P_0, d_0 e T_0 questi valori statici. Consideriamo adesso un oggetto che vibra nell'aria: le vibrazioni portano a variazioni di pressione e densità che dipendono dal tempo e dallo spazio: ci sono anche variazioni di temperatura, ma queste non ci riguardano. Siano $p(x, y, z, t)$, $d(x, y, z, t)$ queste variazioni di pressione e densità: pertanto la pressione e densità totale sarà $P = P_0 + p$, e $D = d_0 + d$. La variazione di pressione rispetto al valore statico di equilibrio è detta pressione acustica o pressione sonora, ed è la quantità fisica che descrive un'onda sonora. Si tenga presente che esistono svariati ordini di grandezza di differenza tra il valore statico e quello della perturbazione di pressione: infatti la pressione atmosferica vale circa 100 000 Pascal (100 kPa) mentre le onde sonore sono di ampiezza compresa tra 20 μPa e 100 Pa (soglia del dolore). Le variazioni locali di pressione sono correlate alle variazioni di densità: le molecole che compongono l'aria vengono spinte dalle zone di alta pressione a quello di bassa pressione, scambiandosi continuamente di posto. Questo fenomeno genera la dinamica che è alla base della propagazione delle onde in aria. L'andamento della propagazione delle variazioni di pressione p in una dimensione (come ad esempio all'interno di un tubo) in un gas omogeneo è descritta dall'equazione:

$$\frac{\partial^2 p}{\partial t^2} = \frac{\gamma k T}{m} \frac{\partial^2 p}{\partial x^2} \tag{1.6}$$

dove γ è la costante che regola le trasformazioni adiabatiche, k la costante di Boltzmann, T la temperatura assoluta ed m la massa media delle molecole. Possiamo identificare la velocità come

$$c_s = \sqrt{\frac{\gamma k T}{m}}$$

(il simbolo c_s è uno dei tanti simboli usati per la velocità del suono: è l'iniziale della parola latina *celeritas* con il pedice s per distinguerla dal simbolo c che viene adoperato per la velocità della luce). La velocità del suono, quindi, aumenta con la temperatura, e diminuisce con la massa delle molecole: il fattore γ, invece, è quasi del tutto ininfluente visto che non varia molto da molecola a molecola. Per l'aria, o per qualunque altra miscela di gas, dobbiamo prendere dei valori medi, sia per γ che per m: adoperando dei valori standard, si ottiene circa

$$c_s = 20.1\sqrt{T} \text{ m/s}$$

che, alla temperatura di 20 °C = 293.16 K vale circa 340 m/s. Più tardi troveremo un metodo per misurarne il valore.

Le onde acustiche, a differenza di quelle che si propagano lungo una corda, sono onde longitudinali: infatti per comprimere o diradare l'aria nella direzione del moto devono spostarsi parallelamente alla direzione di propagazione dell'onda. Le onde sonore nell'aria non sono polarizzate.

L'equazione 1.6 descrive però un caso particolare: ovvero un'onda che si propaga esclusivamente in una direzione. Questo tipo di onde sono dette onde piane, in quanto assumono un valore costante sui piani perpendicolari alla direzione di propagazione: i piani in cui l'onda assume un massimo sono detti fronti d'onda.

Nella maggior parte dei casi le onde sonore si propagano in tutte le direzioni: l'equazione d'onda sarà più complessa, in quanto conterrà anche dei termini che dipendono dalle altre coordinate, ovvero y e z: la riportiamo qui per completezza, anche se non proveremo mai a risolverla:

$$\frac{\partial^2 p}{\partial t^2} = \frac{\gamma k T}{m}\left(\frac{\partial^2 p}{\partial x^2} + \frac{\partial^2 p}{\partial y^2} + \frac{\partial^2 p}{\partial z^2}\right) \tag{1.7}$$

Una equazione di questo tipo ha delle soluzioni molto complicate, ma c'è un caso molto semplice e molto interessante, ovvero quello delle onde sferiche: si ha un'onda sferica quando la sorgente delle vibrazioni è molto piccola ed isolata da pareti, oggetti, e da qualunque possibile riflettore. In questa situazione la soluzione dell'onda è del tipo:

$$p(r,t) = \frac{A(r - vt)}{r} \tag{1.8}$$

dove r è la distanza dalla sorgente. In un'onda sferica massimi e minimi dell'onda si spostano radialmente, ed hanno lo stesso valore su superfici di raggio costante, da cui il nome di sferiche. L'ampiezza diminuisce invece con l'inverso della distanza dalla sorgente. Questa è la legge che, in assenza appunto di riflessioni o assorbimento, determina l'attenuarsi di un'onda sonora con la distanza dalla sorgente.

L'onda sonora trasporta con sé una certa quantità di energia, che dipende dalla sua ampiezza. L'intensità di un'onda sonora è definita come il rapporto tra la potenza che incide su una superficie colpita ortogonalmente dall'onda e l'area della superficie stessa. Viene misurata quindi nel sistema internazionale in watt per metro quadrato, W/m^2. La potenza va mediata ovviamente su una scala di tempi ragionevole, che comprenda diverse oscillazioni. Si trova che in un'onda piana in aria la potenza media è proporzionale alla pressione sonora quadratica media, ovvero:

$$I = \frac{\overline{p^2}}{\rho c_s}$$

dove ρ è la densità dell'aria.

In un'onda sferica l'intensità diminuisce in proporzione inversa al quadrato della distanza dalla sorgente: ovvero, raddoppiando la distanza dalla sorgente l'intensità diminuisce di un fattore 4: questo perché l'energia prodotta dalla sorgente si distribuisce su una superficie 4 volte più grande. Questo succede abbastanza in generale quando ci si allontana da una sorgente sonora, purché in assenza di assorbimento da parte dell'aria, di riflessioni dalle pareti o dal suolo, o di fenomeni di interferenza.

1.4.1 Onde monocromatiche

Supponiamo di avere un tubo, molto lungo, e ad una estremità poniamo un altoparlante, che oscilla con moto sinusoidale di frequenza f (vedi figura 1.8). L'altoparlante comprime e decomprime l'aria alternativamente, provocando dei massimi e dei minimi di pressione che si spostano con velocità c_s. La distanza tra due massimi sarà allora uguale alla distanza percorsa dal suono in un tempo T: questa distanza è detta lunghezza d'onda ed è pertanto uguale a

$$\lambda = \frac{c_s}{f} \tag{1.9}$$

Per 100 Hz, ad esempio, la lunghezza d'onda sarà di $340/100 = 3.4$ m, mentre per 1000 Hz sarà di 34 cm: le lunghezze delle onde sonore sono sempre lunghezze maneggiabili, né troppo grandi né troppo piccole. L'andamento della pressione in un punto casuale del tubo ha un andamento sinusoidale. Anche il profilo dell'onda, ovvero l'andamento della pressione in funzione della distanza dall'altoparlante, ad un istante fissato, ha un andamento sinusoidale. Diciamo, in similitudine con le onde luminose, che un'onda di questo tipo è un'onda monocromatica. Un termine più appropriato nel contesto musicale potrebbe essere quello di *tono puro,* che esploreremo meglio in seguito.

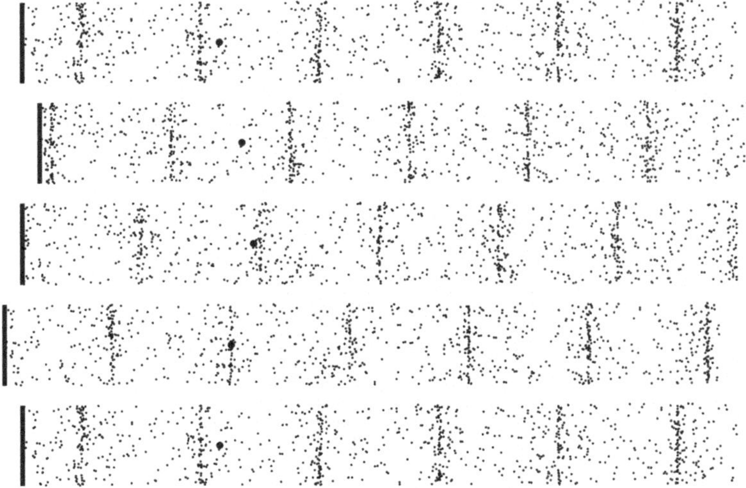

Figura 1.8 Schema di un'onda sonora monocromatica che si propaga verso destra. L'onda viene generata dalla membrana vibrante a sinistra. Vengono mostrati gli istanti comprendenti una intera oscillazione, da un massimo fino ad un secondo massimo. Una molecola è stata evidenziata allo scopo di mostrare come il suo moto sia una semplice oscillazione. La distanza tra due zone di alta densità è uguale alla lunghezza d'onda

1.5 L'orecchio interno e la sensazione uditiva

L'onda sonora, viaggiando attraverso l'aria, giunge infine all'orecchio, dove viene trasformata in impulsi sonori ed inviata al cervello. Come questo avvenga in dettaglio è argomento di medicina e fisiologia: qui si propone un rapido riassunto che metta in evidenza quello che risulta rilevante per i nostri esperimenti. Partiamo da qualche nozione di anatomia. L'orecchio (figura 1.9) è fornito da una parte esterna (il padiglione auricolare) e una interna che è la più interessante e meno conosciuta, collegate da un canale detto condotto uditivo e da una struttura ossea (orecchio medio). Il compito dell'orecchio esterno è quello di focalizzare le onde sonore e di guidarle all'interno del canale uditivo: svolge inoltre un compito importante nella localizzazione dei suoni. Le onde sonore, penetrando nel condotto uditivo, giungono sul timpano, che è una membrana leggera che viene messa in moto dalle variazioni di pressione dell'onda sonora. Il timpano trasmette le vibrazioni ad una catena formata da tre ossicini, che dalla loro forma vengono chiamati staffa, incudine e martello. Le vibrazioni giungono infine al vero organo dell'udito, la coclea. Il compito della catena di ossicini è quello di trasmettere le vibrazioni in modo efficiente, amplificando la pressione in arrivo sulla membrana timpanica. La coclea, che deriva il suono nome dalla particolare forma a chiocciola, è un organo estremamente complesso, che comprende non solamente il senso dell'udito ma anche gli organi dell'equilibrio. La parte che ci riguarda è proprio la struttura a chiocciola: semplificando, la si può immaginare come un cono arrotolato, diviso in due parti all'interno da una membrana detta membrana basilare, sulla quale poggia l'organo del Corti, una struttura fortemente innervata ricoperta di cellule sensitive. La coclea è ripiena di liquido, in grado di scorrere attorno alla membrana basilare attraversando una apertura detta elicotrema posta all'apice del cono. Alla base esistono invece due aperture ricoperte da una membrana elastica, la finestra tonda

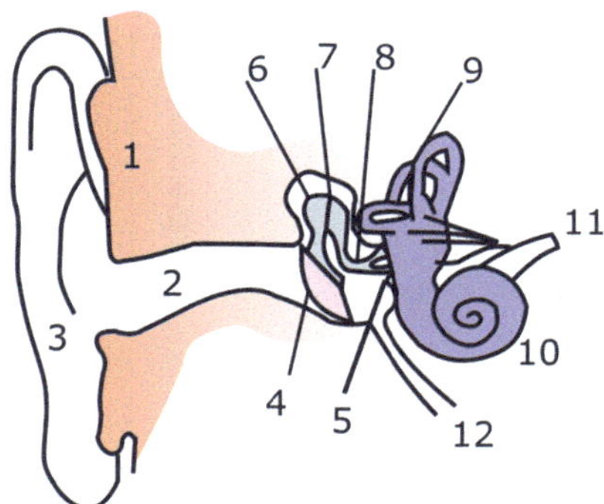

Figura 1.9 Sezione anatomica dell'orecchio. *Orecchio esterno*: 1 – cartilagine del padiglione e del condotto uditivo, 2 – condotto uditivo esterno, 3 – padiglione auricolare. *Orecchio medio*: 4 – timpano, 5 – finestra ovale, 6 – martello, 7 – incudine, 8 – staffa. *Orecchio interno*: 9 – canali semicircolari, 10 – coclea, 11 – nervo acustico, 12 – tromba di Eustachio. (Immagine rilasciata con licenza Creative Commons CC BY-SA 3.0)

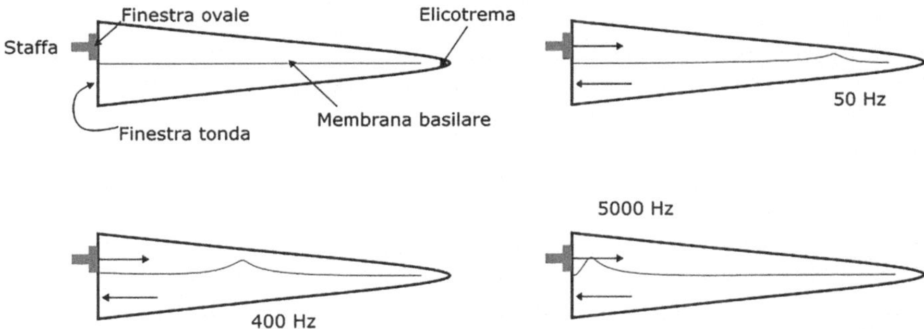

Figura 1.10 Sezione della coclea "srotolata". Le vibrazioni entrano dalla finestra ovale, sulla quale poggia la staffa, ed escono da quella tonda. Le vibrazioni di bassa frequenza sollecitano l'apice della membrana basilare, mentre quelle di alta frequenza presentano un massimo in prossimità dell'entrata: in questo modo, a frequenze diverse corrispondono stimoli diversi

e la finestra ovale: gli ossicini poggiano sulla finestra ovale, trasferendo attraverso questa le vibrazioni al liquido. Le vibrazioni all'interno della coclea si distribuiscono in modo non uniforme: in particolare, le alte frequenze presentano un massimo di ampiezza in prossimità della finestra ovale, mentre le basse frequenze riescono a raggiungere l'apice della membrana: frequenze diverse sollecitano quindi cellule nervose distinte, e questo permette al cervello di distinguere tra di loro le frequenze che compongono il suono (vedi figura 1.10).

La cosiddetta "teoria posizionale" per il riconoscimento dell'altezza di un suono ha però una ipotesi rivale: ovvero che la sensazione della frequenza derivi al cervello proprio dal numero di impulsi nervosi che lo raggiungono.

1.5.1 Altezza

La sensazione di altezza di un suono è quella che meglio viene quantificata nel linguaggio fisico: infatti l'altezza di un suono puro è fortemente correlata con la sua frequenza. Abbiamo visto la teoria posizionale, secondo cui l'altezza del suono dipende dal punto di maggiore deformazione della membrana basilare, che a sua volta dipende dalla frequenza. Però le cose non sono così semplici: infatti, come abbiamo visto parlando di analisi di Fourier, ogni suono può essere scomposto in diverse vibrazioni, ed ognuna di queste sollecita la membrana basilare in un punto diverso. Ce ne possiamo rendere conto in modo lampante prendendo il coperchio di una pentola e colpendolo con un mestolo: sentiremo le singole frequenze di vibrazione in modo indipendente! Però non succede lo stesso col suono del violino, o con il canto umano: in questo caso percepiamo chiaramente una unica altezza, e le diverse sensazioni della membrana basilare vengono fuse insieme. Per spiegare perché questo avviene dobbiamo entrare un po' di più nella natura delle vibrazioni, e dovremo imparare a distinguerne le une dalle altre.

Osserviamo comunque che la percezione di altezza non è una sensazione lineare: la distanza percepita tra due frequenze diminuisce infatti all'aumentare della frequenza. Questo vuol dire che due toni puri di frequenza, ad esempio, 1000 e 1100 Hz, ascoltati in successione, ci appariranno più distanti tra di loro delle frequenze 5000 e 5100 Hz, ma molto meno distanti delle frequenze 200 e 300 Hz, nonostante la differenza in frequenza sia sempre di 100 Hz. La distanza tra due frequenze viene misurata tramite una scala detta *mel*, che è una scala psicoacustica ottenuta confrontando le sensazioni di altezza di diversi gruppi di volontari: tuttavia si tratta di una scala poco adoperata nella pratica, mentre molto più diffusa, anche in ambito musicale, è la scala logaritmica, che misura la distanza tra due frequenze semplicemente prendendo il rapporto tra di esse: in questa scala, due note si trovano alla stessa distanza se il rapporto tra le frequenze è uguale: quindi, ad esempio, 200 e 300 Hz si trovano alla stessa distanza di 1000 e 1500 Hz, che sono tra loro nello stesso rapporto di $2/3$. Una possibile spiegazione per questo fenomeno verrà data in seguito.

1.5.2 Volume

Con la parola generica *volume* intendiamo riferirci a quel particolare tipo di sensazione sonora che contraddistingue la "forza" di un suono, ovvero il suo essere poco percepibile o chiaramente udibile, o addirittura fastidioso. Il volume è una sensazione difficilmente e arbitrariamente quantificabile, strettamente correlata però ad una grandezza che è invece facilmente misurabile, ovvero l'intensità di un'onda sonora. A confondere la correlazione entrano in gioco il fatto che la sensazione di volume dipende da altri fattori, quali la presenza di altri suoni, la loro frequenza, la risposta individuale dell'orecchio, etc. Ad esempio, è ben noto che uno stesso suono appare più debole in una stanza rumorosa e più intenso nel silenzio notturno. La sensazione di volume infatti non è lineare, ovvero sommando due suoni della stessa intensità non si percepisce una sensazione doppia (sempre che si possa definire il doppio di qualcosa che non si riesce a misurare). Per questi motivi, ed anche per il fatto che l'intensità sonora percepibile si estende su diversi ordini di grandezza, si è deciso di misurare quest'ultima adoperando una scala logaritmica, e precisamente la scala del decibel (simbolo dB). Il decibel, letteralmente un decimo di Bel, è una misura relativa ad una grandezza base di riferimento, e viene definita tramite la formula:

$$I_{dB} = 10 \log_{10}\left(\frac{I}{I_0}\right)$$

dove il valore di riferimento I_0 corrisponde pressappoco al minimo valore di intensità udibile, ovvero $10^{-12}\ \mathrm{W/m^2}$.

L'intensità, misurata in decibel, è detta livello di intensità sonora.

Sappiamo che l'intensità è proporzionale al valor medio del quadrato della pressione: possiamo allora definire il livello di pressione sonora, detto anche SPL (sound

Tabella 1.1 Valori di livello di pressione sonora, SPL, intensità e pressione tipica per diverse sorgenti di rumore ad ampio spettro

	dB	I (W/m^2)	p (Pa)
Soglia minima	0	10^{-12}	$2 \cdot 10^{-5}$
Fruscio di foglie secche	20	10^{-10}	$2 \cdot 10^{-4}$
Sussurro ad 1 metro	30	10^{-9}	$7 \cdot 10^{-4}$
Stanza silenziosa	40	10^{-8}	$2 \cdot 10^{-3}$
Conversazione ad 1 m	60	10^{-6}	$2 \cdot 10^{-2}$
Cantare ad alta voce	70	10^{-5}	$7 \cdot 10^{-2}$
Aspirapolvere a 3 m	75	$3 \cdot 10^{-5}$	10^{-1}
Bus, camion a 15 m	80	10^{-4}	$2 \cdot 10^{-1}$
Martello pneumatico (15 m)	90	10^{-3}	$7 \cdot 10^{-1}$
Tagliaerba ad 1 m	110	10^{-1}	7
Aeroplano a 30 m	130	10	70
Soglia del dolore	140	10^2	200
Decollo di un aereo militare a 30 m	150	10^3	700
Dispositivi bellici	180	10^6	$2 \cdot 10^3$

pressure level), adoperando la relazione:

$$L_p = 10 \log_{10}\left(\frac{I}{I_0}\right) = 10 \log_{10}\left(\frac{p^2}{p_0^2}\right) = 20 \log_{10}\left(\frac{p}{p_0}\right)$$

dove va scelto il livello di pressione di riferimento p_0 in modo tale che numericamente il livello di pressione sonora coincida con il livello di intensità sonora. Questo avviene scegliendo $p_0 = 20\ \mu$Pa in condizioni standard. Con questa scelta i suoni udibili presentano tutti un livello di pressione sonora positivo.

In tabella 1.1 viene mostrato un esempio di livelli sonori tipici che si incontrano in situazioni quotidiane. Al di sopra di circa 140 dB, l'orecchio comincia a dolere: si parla quindi della soglia del dolore, che in realtà varia lentamente con la frequenza.

Due parole in più per familiarizzare con i decibel: il decibel è in origine la misura del rapporto tra due quantità, che viene trasformata dal logaritmo in una differenza. Pertanto, se un suono ha un livello sonoro 10 dB maggiore di un altro, questo vuol dire che il rapporto tra le intensità è uguale a 10, mentre il rapporto tra le pressioni sonore corrisponde a $\sqrt{10}$; una differenza di 20 corrisponde invece ad un rapporto tra le intensità pari a 100, mentre il rapporto tra le pressioni è uguale a 10. La differenza di 3 dB corrisponde invece ad un rapporto tra le intensità pari circa a 2, mentre una differenza di 6 dB corrisponde ad un rapporto tra le intensità pari a 4, e tra le pressioni pari a 2. Questo vuol dire che ad esempio raddoppiando il numero di fonti sonore, il livello di pressione sonora aumenta di 3 dB, mentre se una sorgente raddoppia l'ampiezza delle onde emesse allora il livello di pressione sonora aumenta di 6 dB. Nonostante il decibel sia universalmente adoperato, non rispecchia fedelmente quella che è la sensazione sonora: questa infatti dipende innanzitutto dalla frequenza del suono: l'orecchio infatti ha una sensibilità massima nella zona tra 2500 e 3000 Hz, corrispondenti alle frequenze di risonanza del condotto uditivo,

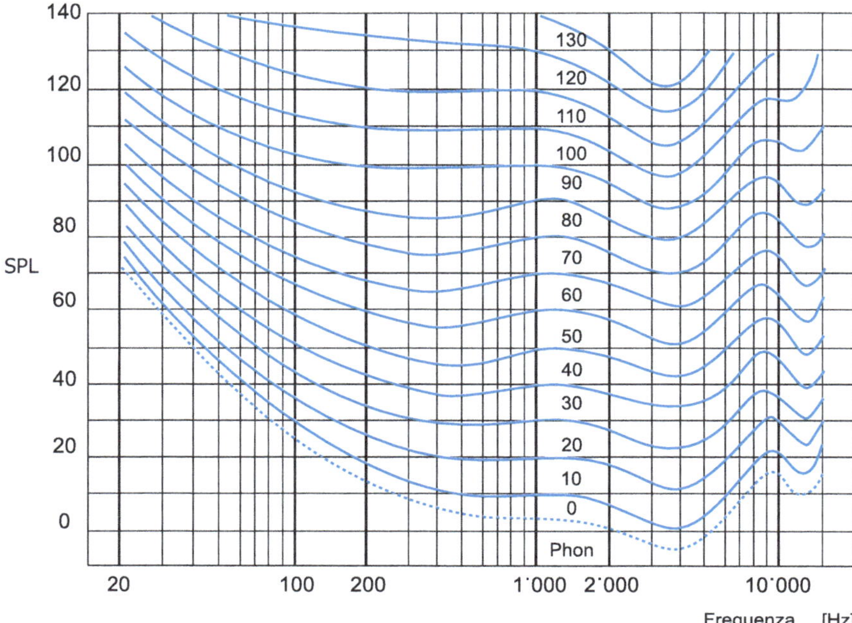

Figura 1.11 Sensibilità dell'orecchio in funzione della frequenza (diagramma di Fletcher e Munson). Si vede come la sensibilità maggiore si abbia intorno ai 3000 Hz, in corrispondenza di una risonanza del condotto uditivo. Questa famiglia di curve è stata ottenuta mediando su diversi individui, e costituisce la base della definizione del phon, unità psicoacustica del livello di sensazione sonora: il phon coincide con il decibel a 1000 Hz, mentre alle altre frequenze la relazione tra livello sonoro e livello di sensazione sonora è data dalle linee blu (curve isofoniche). Da Wikipedia, rilasciato con licenza CC BY-SA 3.0)

mentre la sensibilità descresce rapidamente con le basse frequenze e più lentamente verso le alte. Inoltre la sensazione non segue esattamente l'andamento logaritmico, e diminuisce con l'aumentare della intensità. Per ovviare a questi problemi, sono state cercate diverse soluzioni: ad esempio sono state introdotte scale psicoacustiche, come ad esempio il phon (vedi figura 1.11) ed il son, di cui non ci occuperemo in questo volume, o, più semplicemente, sono state introdotte delle curve di equalizzazione, definite da uno standard ISO, che permettano di pesare le diverse bande di frequenza in modo da ottenere una misura più vicina possibile alla sensazione acustica. Le curve in questione attenuano i bassi e gli acuti: le più usate sono le curve A e C, ma esistono anche le B e D, K, Z, etc. (vedi figura 1.12). I decibel misurati con questo metodo sono indicati come dBA, dBC, etc, ed il livello sonoro equalizzato in questo modo viene indicato con LeqA, LeqC, etc. La curva A andrebbe usata per bassi livelli sonori, e quella C per volumi più alti, ma spesso viene usata la A in tutte le situazioni.

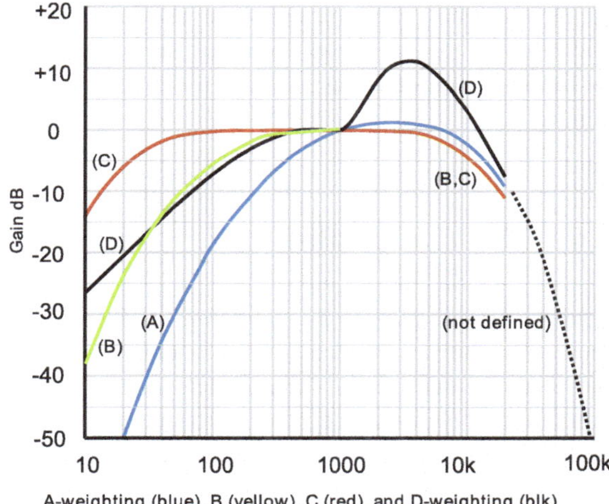

Figura 1.12 Curve di equalizzazione A, B, C e D. Tratte da Wikipedia, pubblico dominio

1.5.3 Timbro

Il timbro costituisce la caratteristica più sfuggente e meno quantificabile del suono. Spesso in musica viene definito tramite aggettivi, come ad esempio *dolce*, *aspro*, *sonoro*, *stridulo*, *squillante*, *vuoto*, *caldo*, *freddo*, etc. Si è visto però che il timbro dipende significativamente soprattutto da due caratteristiche: lo spettro del suono e il suo inviluppo, in particolare la fase di attacco, in cui il contenuto in frequenza può risultare rapidamente variabile e differente da quello a regime.

1.5.4 Localizzazione del suono

Localizzare spazialmente una sorgente sonora coinvolge diversi aspetti che non sono ancora del tutto chiariti. Consideriamo innanzitutto una sorgente sonora nel piano orizzontale all'altezza del nostro viso. Per semplificare ulteriormente immaginiamo che la sorgente si trovi davanti a noi. Le onde sonore che arrivano alle due orecchie presentano una differenza di livello e una differenza di tempo di arrivo. Se la sorgente si trova alla nostra destra ad esempio l'orecchio destro percepirà un suono più intenso che arriva prima. Il nostro cervello è in grado di percepire la differenza in entrambi i casi, e di estrarre informazioni sulla direzione di provenienza del suono, ed anche sulla distanza. Le due informazioni sono adoperate entrambe ma in modo complementare: a basse frequenze la differenza di intensità è poco importante, mentre diventa predominante alle alte frequenze. Per discriminare tra il davanti e il dietro, e tra l'alto ed il basso, entrano in gioco altre informazioni, come ad esempio quelle visive, oppure le differenze dovute alla forma del nostro padiglione auricolare, che è rivolto in avanti, o di continuità spaziale (se una sorgente sembra passare dalla mia sinistra alla destra, passandomi davanti, è più probabile che continui il viaggio passandomi dietro piuttosto che tornare indietro), o infine informazioni ottenute tramite i movimenti della testa alla ricerca della sorgente sonora.

1.6 Metodi di analisi

Il suono è caratterizzato da grandezze fisiche come densità, pressione, velocità delle molecole, che variano con continuità entro certi intervalli: una grandezza di questo tipo è detta analogica. L'analisi del suono è quasi sempre invece affidata ad un computer, che è una macchina elettronica in grado di interagire solo con grandezze fisiche di tipo elettrico, generalmente tensione o corrente. Inoltre, per come è progettato, il computer è in grado di effettuare un solo tipo di operazioni, ovvero manipolazione di numeri interi scritti in codice binario: si usa, per questo tipo di grandezze, il termine *numerico* oppure meglio *digitale*. Per poter mettere in comunicazione i due mondi dell'analogico e del digitale, bisogna pertanto effettuare una serie di conversioni: la prima è quella della pressione sonora in un segnale di tipo elettrico, la seconda da un segnale continuo ad una lista di numeri binari: il secondo passaggio è detto anche conversione da analogico a digitale, A/D. In ognuno di questi passaggi qualche caratteristica del segnale originale viene perduta: bisogna che questa perdita si rifletta il meno possibile sul risultato finale.

1.6.1 Il microfono

Il microfono è lo strumento principe per la registrazione del suono: ne esistono di diversi tipi, ma svolgono tutti la stessa funzione, ovvero trasformare l'andamento della pressione sonora in un segnale di tipo elettrico. In un microfono è sempre presente una membrana leggera che viene messa in moto dall'onda: il moto della membrana viene trasformato in un segnale elettrico in grado di riprodurre il più fedelmente possibile il segnale sonoro. Il tipo più comune di microfono è il microfono a condensatore: in questo caso la membrana in vibrazione costituisce anche una delle due armature di un condensatore: quando il condensatore è carico, la differenza di potenziale tra le armature dipende linearmente dalla loro distanza, e quindi dalla posizione della membrana in funzione del tempo. Per ottenere una buona sensibilità[5], il condensatore va caricato: questo si può fare tramite una alimentazione esterna, o tramite un materiale particolare, detto elettrete, che è naturalmente polarizzato e possiede una carica intrappolata sulla superficie. I condensatori comunemente adoperati nei PC dispongono di uno spinotto (jack) provvisto di tre contatti (poli): un

[5] La sensibilità di un microfono è il rapporto tra l'ampiezza di un segnale sonoro e l'ampiezza del segnale in tensione prodotto, misurato per una sinusoide di 1 kHz ed ampiezza di 1 Pa (ovvero 94 dB di livello sonoro). La sensibilità viene solitamente espressa in dB riferiti ad 1 Volt.

contatto serve a fornire l'alimentazione al microfono, un altro invece porta il segnale dal microfono al computer, ed il terzo è il riferimento di massa comune. Solitamente all'interno del microfono è incorporato un piccolo preamplificatore che consente di amplificare il segnale e adattare l'impedenza (altissima) del microfono a quella (più bassa) della scheda audio.

Un microfono si caratterizza per la sua risposta in frequenza, ovvero l'andamento della sensibilità in funzione della frequenza dell'onda campione. Perché il microfono sia di buona qualità, la risposta deve essere costante in un largo intervallo di frequenze, senza che esistano fenomeni di risonanza a renderlo particolarmente sensibile, o insensibile, a determinate frequenze. Un parametro particolarmente interessante è la direzionalità del microfono, ovvero la sensibilità in funzione della direzione di incidenza dell'onda: i tipi più comuni sono omnidirezionali, ovvero producono la stessa risposta qualunque sia la direzione di provenienza del suono. Microfoni professionali possono essere bidirezionali, ovvero avere la massima sensibilità davanti, o dietro il microfono, e risultare insensibili a sorgenti poste lateralmente, oppure del tipo detto a cardiode (dalla forma della curva di sensibilità), che è una configurazione particolare fortemente direzionale. La risposta direzionale desiderata può essere ottenuta adoperando una membrana di forma opportuna, oppure combinando più microfoni identici, o infine incapsulando il microfono un un guscio di forma studiata in grado di amplificare maggiormente i suoni provenienti dalla direzione voluta.

Il microfono quindi produce in uscita una tensione variabile $V(t)$ che segue in modo più fedele possibile il moto della membrana sotto l'azione della pressione esercitata sulla membrana del microfono, anche se esistono anche microfoni sensibili alla velocità della membrana, o alla differenza di pressione esercitata sulle due facce della membrana. Tipicamente il microfono ha un range di funzionamento (sia in ampiezza che in frequenza) all'interno del quale il segnale prodotto in uscita riproduce fedelmente l'andamento della pressione sonora.

1.6.2 Il campionamento

Il campionamento, o discretizzazione, consiste nella misura del segnale prodotto dal microfono ad intervalli di tempo regolari ΔT_c. Ogni misura è detta campione. Il numero di campioni al secondo è detto frequenza di campionamento: vale la relazione $F_c = 1/\Delta T_c$. La frequenza di campionamento si misura in campioni al secondo, o più semplicemente in hertz. Ci si pone il problema di come scegliere la frequenza di campionamento in modo opportuno: infatti, intuitivamente, tanto più alto sarà il numero di campioni misurati, tanto più fedele sarà il campionamento. Purtroppo però non si può pensare di alzare a piacimento la frequenza di campionamento: ci si scontra contro i problemi dovuti ad una maggior mole di dati, con conseguente maggiore tempo di calcolo necessario, maggior spazio su disco necessario per conservarli, ma soprattutto una spesa maggiore per adoperare elettronica in grado di lavorare a più alte frequenze. Per questo motivo bisogna ricorrere ad

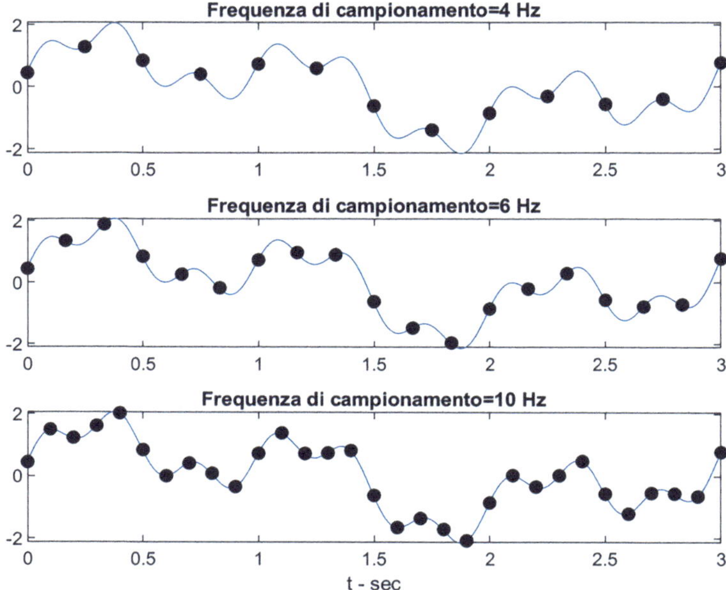

Figura 1.13 Esempio di discretizzazione: la linea continua è la somma di tre sinusoidi, aventi frequenza massima di 3 Hz. Nella figura in alto, il campionamento con frequenza di soli 4 Hz risulta chiaramente insufficiente, visto che molti dettagli vengono trascurati. Nella figura di mezzo, il campionamento a 6 Hz, che rispetta il criterio di Nyquist, è quello appena sufficiente per una rappresentazione fedele della forma del segnale. Infine nella terza finestra si vede come un campionamento a 10 Hz rappresenti ancora più fedelmente il segnale originale

un compromesso: ci viene in aiuto in questo il cosiddetto teorema di Nyquist[6], che nella sua versione meno "tecnica" dice che per campionare correttamente una sinusoide bisogna misurare perlomeno due volte in un periodo, in modo da riuscire ad apprezzare un cambiamento di segno: pertanto la minima frequenza di campionamento adoperabile è pari al doppio della massima frequenza presente nel segnale, o, più conservativamente, di quella a cui siamo interessati. Si veda come esempio la figura 1.13. Pertanto la minima frequenza necessaria per campionare l'intervallo di frequenze udibili è di almeno 40 000 Hz: per ragioni tecniche, però, conviene aumentare questo intervallo di almeno un 10%. Con questo criterio, si arriva a quella che è la frequenza di campionamento standard adoperata per i CD, risultato di lunghi compromessi, ovvero 44 100 Hz, che corrisponde ad una frequenza massima di 22 050 Hz; i nuovi standard audio si orientano però verso una frequenza di campionamento di 48 000 o addirittura 96 000 Hz, che pur senza presentare grossi vantaggi dal punto di vista uditivo, permettono però tecnicamente di manipolare il segnale senza danneggiarlo. Per i segnali contenenti solo parlato, e non musica, basta comunque una frequenza più bassa, tipicamente 8000 Hz.

[6] Harry Nyquist (1889-1976) fu un fisico svedese naturalizzato americano.

1.6.3 Quantizzazione

L'operazione di quantizzazione corrisponde invece nell'arrotondamento delle misure al valore intero più vicino, rappresentato ovviamente come numero binario. Supponiamo che il sistema sia in grado di codificare i dati numerici come interi binari con un numero N di bit: in questo modo ogni intero può assumere 2^N valori distinti.

Supponiamo che il segnale in ingresso sia compreso tipicamente tra due valori estremi $\pm V_0$: allora l'intervallo tra i due estremi viene diviso in 2^N intervalli di ampiezza $\Delta V = 2V_0/2^N = V_0/2^{N-1}$, ed ad ognuno di questi intervalli viene associato un codice binario ad N cifre. In questo modo non è possibile distinguere due misure se ricadono all'interno dello stesso intervallo: pertanto la risoluzione in ampiezza risulta uguale a ΔV. Anche qui si pone il problema di scegliere un numero di bit adeguato. Il principio è duplice: da una parte, dato il valore V_0 fisso, bisogna amplificare il segnale in ingresso assicurandosi che non sfori mai i limiti (in questo caso si dice che il segnale satura); dall'altra parte bisogna ricordare che l'ampiezza minima misurabile del segnale risulta uguale a ΔV. Questa richiesta impone pertanto automaticamente un minimo al numero di bit da adoperare: se ad esempio il massimo segnale ottenibile dal microfono senza distorsione è uguale a V_{max}, ed il livello del rumore è V_{min}, bisogna adoperare almeno $(\log_2(V_{max}/V_{min}) + 1)$ bit. Nella pratica, tuttavia, conviene adoperare un numero di bit maggiore del minimo indispensabile, visto che qualunque tipo di manipolazione del segnale, per migliorarne la qualità, richiede diverse operazioni matematiche che portano ad una serie di arrotondamenti in cascata. Nello standard CD il numero di bit adoperato è 16. Questo corrisponde ad un numero di livelli pari a 65 536, più che sufficienti per una riproduzione fedele del suono: tuttavia, per permettere una maggiore libertà di operazione in fase di post-produzione di un CD, spesso si lavora con almeno 24 bit. Il rapporto tra il massimo ed il minimo segnale registrabile è detto range dinamico: un CD ha un range dinamico teorico di 96 dB[7] ma solitamente un brano musicale ha una dinamica molto inferiore, al massimo di una cinquantina di dB: quindi i 16 bit adoperati sono più che sufficienti.

1.6.4 Conversione D/A

La conversione di un segnale da digitale ad analogico solitamente pone meno problemi: il modo più veloce per effettuarla è quello di produrre in uscita una tensione di valore proporzionale al valore numerico del campione, e mantenerlo costante fino all'arrivo del campione successivo. Questo metodo è quello detto *sample and hold*,

[7] Infatti si ha:

$$20 \log_{10}(2^{16}) \approx 96$$

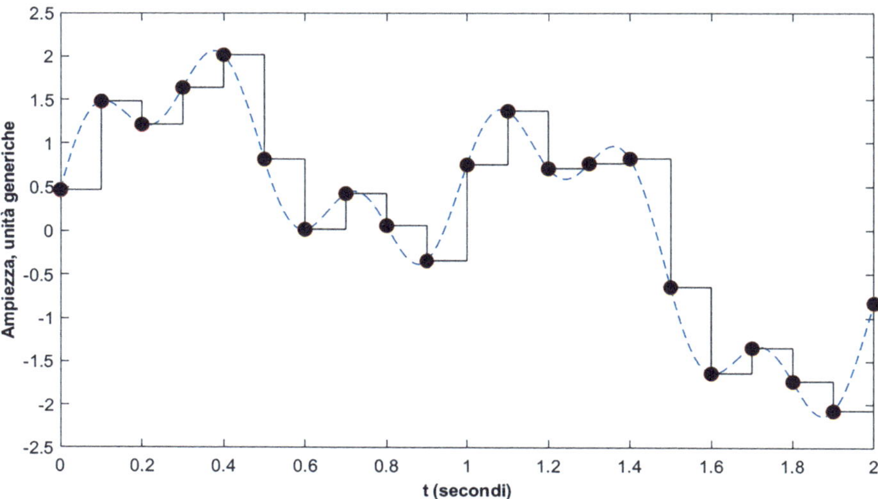

Figura 1.14 Conversione da analogico a digitale tramite la tecnica *sample and hold*: il segnale originale (linea tratteggiata) viene dapprima campionato (punti neri); successivamente viene nuovamente trasformato in un segnale analogico mantenendo costante il valore dell'uscita tra un campione e l'altro. Filtrando successivamente il segnale a scalini ottenuto si ricrea il segnale originale

che produce una tipica tensione costante a tratti (Vedere figura 1.14). Il valore del segnale così convertito viene successivamente filtrato in modo da eliminare le discontinuità. Schede di qualità migliore adoperano tecniche più sofisticate, in grado di produrre un rumore più basso ed una migliore fedeltà.

1.6.5 Altoparlanti

Il segnale audio digitale, riconvertito in un segnale analogico elettrico, può essere nuovamente trasformato in un segnale sonoro. A questo provvedono gli altoparlanti, che rientrano nella categoria più generale dei dispositivi noti come attuatori. Un altoparlante (figura 1.15) è formato da una membrana o diaframma, generalmente di forma conica, collegata meccanicamente ad una bobina. La bobina è immersa in un campo magnetico generato da un magnete inserito in un supporto di ferro. La bobina è in grado di scivolare all'interno di un piccolo spazio nel supporto, all'interno del quale il campo magnetico assume un valore molto intenso, ed è diretto sempre perpendicolarmente alla bobina. Nella bobina viene inviata una corrente proporzionale al segnale audio che si vuole riprodurre: la bobina viene quindi sottoposta ad una forza proporzionale all'intensità del segnale, e mette in movimento la membrana che comprime, o dirada, l'aria generando un'onda sonora.

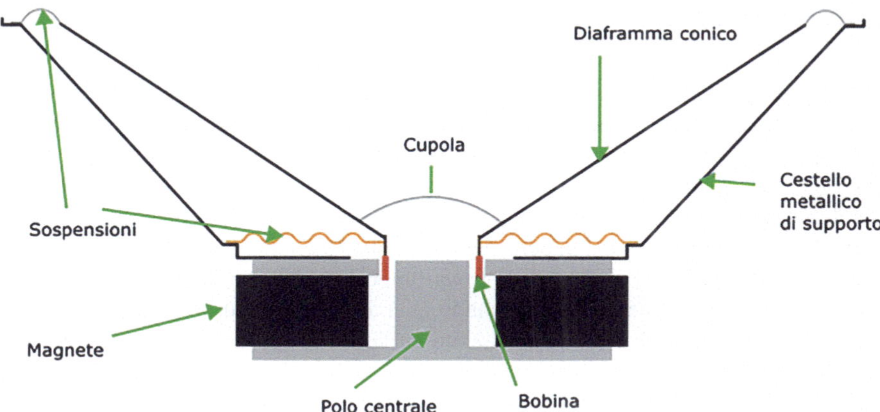

Figura 1.15 Sezione di un altoparlante. Le sospensioni mantengono la centratura del diaframma consentendo solamente il movimento avanti ed indietro. Il polo centrale canalizza le linee di campo magnetico e le concentra sulla bobina. La cupola costituisce una protezione contro la polvere

Nonostante si vadano diffondendo sempre di più gli altoparlanti di tipo piezoelettrico, piccoli e resistenti ma non in grado di produrre grandi volumi sonori (anche se la situazione sta rapidamente evolvendo), ed anche se esistono costosi altoparlanti elettrostatici di alta gamma, la maggior parte degli altoparlanti che si trova in giro nei dispositivi domestici si basa ancora sulla forza magnetica, nonostante si tratti di una tecnologia ormai vecchia di almeno un secolo: per averne la prova, basta provare a smontare una cuffia rotta o un dispositivo bluetooth non funzionante.

Un altoparlante ha bisogno di corrente elettrica e non di tensione per funzionare: tipicamente ha bisogno quindi di un amplificatore, in grado di trasformare il segnale in tensione prodotto dal convertitore A/D in un segnale in corrente.

Gli altoparlanti da soli non bastano a produrre un suono di volume apprezzabile: infatti mentre la parte anteriore della membrana comprime l'aria, la parte posteriore la dirada. Quindi la parte anteriore e posteriore della membrana producono due onde di segno opposto, che sommandosi si annullano, almeno in parte. Pertanto è necessario evitare che il suono prodotto dal retro della membrana interferisca con quello prodotto dal davanti. Un modo è quello di montare l'altoparlante su di una parete rigida; un modo ancora migliore è quello di inserire l'altoparlante in una scatola a tenuta d'aria (cassa): in questo modo però l'aria contenuta nella scatola contribuisce alla inerzia della membrana, e ne modifica il comportamento.

Un metodo molto diffuso è invece quello di convogliare sul fronte dell'altoparlante parte dell'aria che viene smossa sul retro: questo viene fatto attraverso un condotto di lunghezza opportuna che fa sì che le due masse d'aria, quella anteriore e quella posteriore, sommino i propri effetti invece di annullarsi: è il principio delle casse di tipo reflex, che hanno un'ottima risposta nelle note basse.

1.6.6 Stereofonia

La maggior parte della musica registrata disponibile in rete o su CD è stereofonica: la stereofonia è un metodo, sviluppato nella prima metà del ventesimo secolo, per dare spazialità al suono riprodotto: nella forma più pura, fa uso di due microfoni che registrano il suono su due canali distinti che vengono poi riprodotti da una coppia di altoparlanti. Perché l'illusione di spazialità sia al meglio, i due altoparlanti e l'ascoltatore devono trovarsi al centro di un triangolo equilatero. L'illusione rimane molto buona quando l'ascoltatore si trova lungo la bisettrice della congiungente i due altoparlanti, e tende a svanire quando ci si avvicina ad uno dei due. La stereofonia non è in grado di dare informazioni sulla posizione verticale della sorgente sonora, che viene visualizzata solamente sul piano dell'ascoltatore. Nonostante la stereofonia, e il sistema a due canali, costituiscano lo standard della riproduzione sonora, anche per il diffondersi dell'ascolto della musica in cuffia, la maggior parte degli apparati riproduttori moderni tende ad ignorare questo schema (come ad esempio nelle casse bluetooth in commercio, spesso dotate di un solo altoparlante, o con altoparlanti molto ravvicinati) o a raffinarlo cercando di aggiungere spazialità artificiale ed un numero maggiore di altoparlanti per una migliore illusione (come nei sistemi home cinema). I suoni che analizzeremo in questo testo tuttavia saranno tutti monofonici, ovvero saranno costituiti da un unico segnale, registrato con un unico microfono. Qualora la registrazione sia avvenuta con un microfono stereo, come quello in dotazione su molti notebook, allora le due tracce saranno sommate per ottenere una unica traccia mono.

1.6.7 L'attrezzatura consigliata

Per gli esperimenti descritti in questo libro, consiglio l'uso di una attrezzatura estremamente semplice: basta essenzialmente un computer ed un microfono, più un paio di casse stereo. Sia per il microfono che per le casse consiglio di adoperare quelli con filo, cablati, evitando le soluzioni wireless che potrebbero introdurre ritardi o altri effetti indesiderati. Il microfono che ho adoperato nella maggior parte delle misure era il più economico, anche se una maggiore sensibilità non sarebbe stata male. Anche la scheda audio dovrebbe essere di quelle semplici, con un ingresso microfonico ed una uscita stereo per le cuffie o gli altoparlanti: io personalmente ho ottenuto ottimi risultati con una scheda audio esterna da pochi euro che consisteva in uno stick USB con due prese jack da 3.5 mm, una per il microfono ed una per gli altoparlanti. Questa soluzione è adatta anche a quei computer portatili che sono sprovvisti di una presa microfonica o di una presa cuffie. Una raccomandazione è quella di eliminare assolutamente tutti gli effetti in grado di migliorare la qualità del suono: *stereo enhancement*, cancellazione del rumore, etc vanno assolutamente disabilitati in quanto producono effetti imprevedibili sul suono in grado di cancellare del tutto i risultati fisici (se ad esempio adoperate la cancellazione dell'eco, come farete a misurare la riflessione del suono?). Se però i risultati descritti più avanti sono stati ottenuti con attrezzatura economica, questo non esclude che risultati migliori possano essere ottenuti con attrezzatura di qualità: però ho preferito rimanere coerente, quanto possibile, allo spirito di questo testo, che è quello di cercare di ottenere il massimo con materiali facilmente reperibili.

1.7 Visualizzare il suono

I grafici più utili per analizzare le proprietà di un suono sono essenzialmente tre:

- la forma d'onda, che permette di valutare l'andamento temporale del suono, sia in intensità che, parzialmente, in frequenza;
- lo spettro, che permette di valutarne il contenuto in frequenza;
- lo spettrogramma, una miscela dei due, che consente di ottenere informazioni sia sul tempo che sulla frequenza, ed in particolare sull'andamento del contenuto in frequenza in funzione del tempo.

1.7.1 La forma d'onda

Una volta registrato il suono che si vuole studiare, si può cominciare l'analisi visualizzandone la forma d'onda. La forma d'onda è un grafico che rispecchia l'andamento della pressione sonora in corrispondenza del microfono. Fornisce diverse informazioni sulle vibrazioni prodotte dalla sorgente, ma non ne riproduce perfettamente l'andamento, visto che la propagazione tra la sorgente e il microfono è un processo complesso che può cambiarne alcune caratteristiche.

La forma d'onda può essere visualizzata su diverse scale di tempi: scegliendo una scala lunga, dell'ordine del secondo, o addirittura della decina di secondi, è possibile osservare l'inviluppo, ovvero l'andamento in funzione del tempo dell'ampiezza delle vibrazioni che originano il suono. Visualizzata su scale più brevi, dell'ordine del decimo o centesimo di secondo, fornisce il dettaglio della forma delle singole oscillazioni.

Solitamente la forma d'onda viene visualizzata in un sistema di unità tale che l'ampiezza è compresa tra -1 ed 1: queste unità sono del tutto arbitrarie, e corrispondono ai valori di tensione massimo e minimo misurabili dalla scheda audio. Aumentando, o diminuendo, il cursore del volume di registrazione, il segnale in ingresso viene amplificato: purtroppo il livello di amplificazione audio non viene codificato da nessuna parte, per cui a partire da un file audio non è possibile ricavare il livello sonoro originale. L'arbitrarietà della scala verticale sarà una caratteristica comune di tutte le misure, per cui nella maggior parte dei grafici si è ritenuto superfluo precisare le unità di misura.

1.7.2 Lo spettro

Lo spettro indica il contenuto in frequenza del segnale registrato. Viene calcolato tramite una versione numerica della Trasformata di Fourier detta FFT, ovvero Fast Fourier Transform, cui abbiamo accennato in precedenza: questa tecnica permette di scomporre rapidamente una porzione di suono in tante oscillazioni sinusoidali, ciascuna con una propria frequenza ed una propria ampiezza. Se il segnale è campionato con frequenza F_c, abbiamo visto che non tutte le frequenze sono rappresentate nello spettro: innanzitutto, la frequenza massima è pari alla frequenza di Nyquist, che a sua volta corrisponde a metà della frequenza di campionamento. In secondo luogo, supponiamo che il segnale da analizzare sia composto da N campioni, e quindi di durata complessiva $T = N\Delta T_c = N/F_c$. Poniamoci il problema di come facciamo a distinguere due frequenze F_1 ed F_2: un modo molto crudo è quello di contare i periodi. La frequenza F_1 compie $N_1 = F_1 T$ oscillazioni, mentre la frequenza F_2 ne compie $N_2 = F_2 T$: diciamo che siamo in grado di distinguere queste due frequenze se la differenza $N_1 - N_2$ è almeno uguale ad 1. Quindi siamo in grado di distinguere due frequenze se $|F_1 T - F_2 T| > 1$, ovvero $|F_1 - F_2| = \Delta F > \frac{1}{T}$ ed infine $\Delta F > \frac{F_c}{N}$. Questa ultima espressione determina la risoluzione in frequenza, e a dispetto del modo approssimativo in cui è stato calcolato costituisce anche il risultato corretto. Quindi quanto maggiori sono i dati che abbiamo a disposizione, maggiore risulterà la risoluzione in frequenza. Però non serve esagerare: una risoluzione in frequenza eccessiva produce uno spettro difficile da leggere, con fluttuazioni casuali di notevole entità: conviene allora sacrificarne una parte cercando però di ottenere uno spettro più liscio, mediando su diversi spettri.

C'è un'altra cosa da notare: la FFT funziona meglio se il numero di campioni a disposizione è una potenza di 2. A questo punto possiamo delineare il metodo più spesso adoperato per calcolare lo spettro di un segnale: si comincia dal selezionare uno spezzone di dati omogeneo, ovvero con contenuto in frequenza uguale dall'inizio alla fine: le eventuali differenze all'interno verranno mediate alla fine. Lo spezzone di dati viene diviso in tanti segmenti di lunghezza pari a N_p campioni, dove N_p è una potenza di 2: si sceglie N_p in base alla risoluzione in frequenza desiderata: ad esempio, se la frequenza di campionamento è di 44 100 Hz, e desideriamo una risoluzione in frequenza di 10 Hz, conviene scegliere $N_p = 4096$, che in realtà porta ad una risoluzione di circa 11 Hz, oppure $N_p = 8192$ che porta però ad una risoluzione di $5,4$ Hz. A questo punto per ognuno di questi spezzoni si calcola lo spettro tramite la trasformata di Fourier, e si mediano i risultati su tutti gli spezzoni selezionati. A volte, soprattutto in presenza di repentine variazioni di ampiezza nello spettro originale, conviene però adoperare una *finestra*: si tratta di una funzione particolare che riduce l'ampiezza dei dati all'estremità di ogni singolo spezzone migliorando in genere la qualità dello spettro, ma peggiorando la risoluzione in frequenza. La scelta della finestra corretta è una questione delicata che si padroneggia con l'esperienza.

Effettuando un grafico, in cui in ascissa si pone la frequenza ed in ordinata l'ampiezza, si può vedere quali sono le frequenze maggiormente rappresentate all'interno del suono.

1.7.3 Lo spettrogramma

Nella musica, nel parlato, ma anche nei suoni reali, il contenuto in frequenza dei suoni varia col tempo. Lo spettro, da solo, non è uno strumento comodo da adoperare, visto che media nel tempo questo cambiamento. Conviene in questi casi adoperare allora un particolare tipo di grafico detto spettrogramma. Per costruire uno spettrogramma, si divide nuovamente il suono in tanti segmenti contenenti N_p campioni, e per ciascuno di essi si calcola lo spettro. Successivamente lo spettro viene visualizzato sotto forma di immagine, in cui l'asse orizzontale rappresenta il tempo, mentre l'asse verticale la frequenza. Le ampiezze vengono visualizzate tramite una differente colorazione, per cui le ampiezze maggiori corrispondono a colori più vivaci, o, in alternativa, a intensità di grigio più scure o più chiare. La mappa di colore adoperata in questo testo è una mappa di grigi, con le zone di intensità maggiore di colore più scuro: questa scelta è stata effettuata in quanto rende meglio nella stampa su carta in bianco e nero, mentre per una visualizzazione su schermo sarebbe più appropriata una mappa colorata. La risoluzione in frequenza è pari, come visto, ad F_c/N_p, mentre la risoluzione in tempo è uguale alla lunghezza del segmento analizzato, ovvero $\Delta T = N_p/F_c$: nel costruire uno spettrogramma bisogna trovare un compromesso tra la risoluzione in frequenza e quella in tempo.

1.7.4 Programmi per analizzare il suono

Esistono tantissimi programmi adatti ad analizzare il suono: molti sono gratuiti, con o senza pubblicità, ma nessuno va bene per tutti gli scopi. Negli esperimenti descritti il questo libro, e per le immagini, ne ho adoperati diversi.

La maggior parte degli esperimenti qui descritti adopera Audacity[8], per la generazione, la registrazione e l'analisi del suono. Audacity non è un programma scientifico, ma è un programma per la registrazione multitraccia di brani musicali. Tuttavia permette di effettuare il calcolo di spettri e spettrogrammi, ed è molto versatile. Inoltre è totalmente gratuito, e multipiattaforma. Tra i contro c'è il fatto che, non essendo stato pensato come strumento scientifico, il suo funzionamento non è del tutto trasparente, e il modo di presentare i dati non è abbastanza flessibile: insomma ogni tanto bisogna accontentarsi, o ricorrere a trucchetti per ottenere quello che si desidera.

[8] https://www.audacityteam.org/.

Un programma invece nato nell'ambito accademico ed utilizzato per la ricerca scientifica è invece wavesurfer[9]. In teoria sarebbe migliore di Audacity: anche lui gratuito e multipiattaforma, è in più leggero e facilemente configurabile. Sarebbe il mio preferito, ma è aggiornato al 2019 e potrebbe presto diventare obsoleto, mentre Audacity è un programma vivo e vitale. Inoltre non permette di generare suoni artificiali, come fa Audacity.

Friture[10] consente l'analisi in tempo reale con diversi tipi di grafico: va bene per le dimostrazioni in tempo reale, ma non permette di registrare il suono per analizzarlo con calma.

Su Android e su Apple esistono diversi programmi interessanti, impossibili da citare tutti perchè cambiano nome, proprietario e licenza d'uso nel giro di pochi giorni.

Consiglio comunque di procurarsi almeno un analizzatore di spettro (cercare come parole chiave *spectrum analyzer* o *spectrogram*), un generatore di segnali (cercare *signal generator*) ed infine un accordatore cromatico (cercare *chromatic tuner*), che non è altro che un misuratore di frequenza adoperato per l'accordatura degli strumenti musicali. Esistono inoltre tantissimi fonometri, di cui parlerò meglio in seguito.

Su Android e su Apple esiste anche una applicazione chiamata Phyphox destinata all'insegnamento della fisica: permette di effettuare diversi esperimenti ed è programmabile graficamente. Se ne è già parlato a proposito del moto armonico semplice, e se ne riparlerà a proposito della misura della velocità del suono: nonostante sia una ottima applicazione per la meccanica, per l'acustica rimane un po' deludente.

1.8 Uso di Audacity

L'uso di Audacity è abbastanza immediato, e non andrò nei dettagli: la documentazione del sito è ricca ed esauriente.

Le istruzioni dettagliate sui comandi da dare per i singoli esperimenti verranno dati in seguito.

Possiamo cominciare immediatamente a registrare un suono cliccando sul tasto di registrazione indicato da un cerchio rosso: cliccando, si apre automaticamente una traccia che mostra la forma d'onda: la traccia ha le proprietà (mono o stereo, frequenza di acquisizione, numero di bit) di default, che possono essere verificate andando a guardare le preferenze. Se esistono già altre tracce registrate, queste vengono riprodotte durante la registrazione (anche questo può essere cambiato nelle preferenze). Quando una registrazione viene fermata, e ne viene iniziata un'altra, la nuova registrazione può partire dalla fine della precedente, o in una nuova traccia.

Una volta effettuate le registrazioni, è possibile salvare i dati ottenuti: Audacity di default salva il progetto, ovvero l'insieme delle tracce, in un proprio formato. Vo-

[9] https://sourceforge.net/projects/wavesurfer/.

[10] https://friture.org/.

lendo salvare una sola traccia in formato audio, è necessario selezionare la traccia e cliccare su *esporta audio*. Audacity permette l'esportazione su cloud e la pubblicazione della registrazione, ma non ho mai sperimentato questo servizio, limitandomi a salvare sul computer locale.

1.8.1 Forma d'onda

Nella configurazione standard, la forza d'onda viene immediatamente mostrata in tempo reale. Il volume della registrazione va adattato in modo che la curva risulti ben visibile, ma contemporaneamente non saturi, raggiungendo i valori ± 1.

L'asse verticale può essere logaritmico o lineare, e può essere espanso cliccandoci sopra (a sinistra, immediatamente prima dell'inizio della traccia). Anche l'asse orizzontale può essere espanso o compresso: un metodo è quello di premere CTRL mentre si ruota la rotella del mouse, un altro quello di selezionare la parte interessante e restringere la visualizzazione alla sola selezione.

Espandendo la scala oltre un certo dettaglio, vengono mostrati i singoli campioni. Informazioni sulla durata della selezione sono riportati nella finestra in basso.

Alcuni esempi sono riportati in figura 1.16.

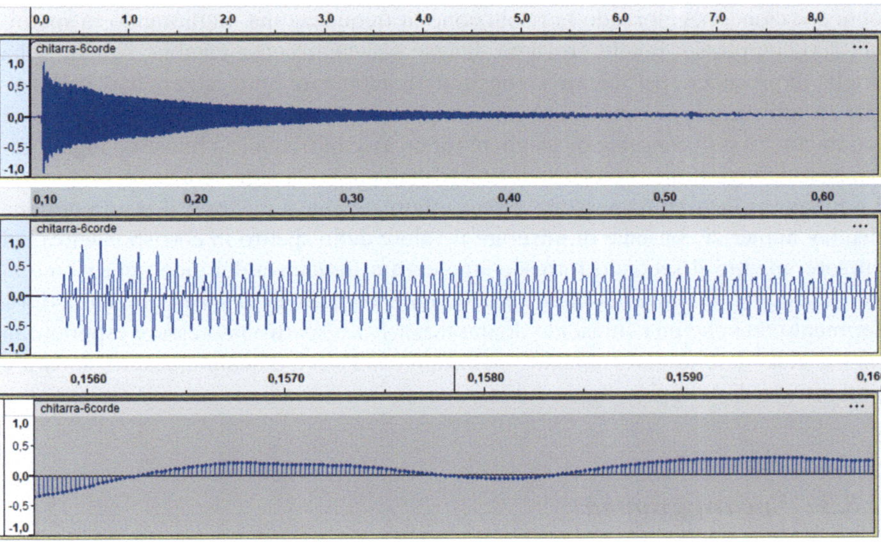

Figura 1.16 Forma d'onda in diverse scale temporali. Il suono è quello del Mi basso di una chitarra acustica. La prima immagine evidenzia l'andamento dell'ampiezza, e pertanto dell'energia, del suono: lo smorzamento è un tipico smorzamento esponenziale, per quanto non esatto. La seconda immagine mostra invece una scala di tempi molto più ridotta, che permette di visualizzare le singole oscillazioni: si vede come il moto sia quasi periodico, con delle piccole differenze tra una oscillazione e l'altra: è possibile anche apprezzare l'attacco del suono. Infine la terza immagine, con un ingrandimento estremo, permette di vedere i singoli campioni

1.8.2 Spettro

Per visualizzare lo spettro di un suono in Audacity, bisogna selezionare una porzione di forma d'onda, e successivamente andare nel menù analizza, e selezionare mostra spettro. Vediamo un esempio di come viene effettuata questa operazione in Audacity: cominciamo col registrare un suono, ad esempio pronunciando una vocale, o suonando una nota. Si individua una regione nel grafico della forma d'onda, e si va nel menù `Analizza -> Mostra spettro`.

Lo spettro viene mostrato in verticale in scala logaritmica adoperando i decibel, riferiti alla massima ampiezza del segnale: per questo motivo le ampiezze spettrali risultano tutte negative. In orizzontale invece è possibile scegliere tra la scala lineare e quella logaritmica. Purtroppo non è possibile effettuare uno zoom su un intervallo di frequenza dato, ma è possibile leggere con precisione la frequenza e l'ampiezza relativa ad ogni frequenza muovendo il cursore: sullo schermo viene riportata anche la frequenza del picco più vicino. I parametri da selezionare sono mostrati in basso: è possibile selezionare diversi tipi di grafico, che qui non tratteremo. Il parametro "Dimensione" è il più importante: corrisponde al parametro N_p illustrato precedentemente, e determina la risoluzione in frequenza dello spettro: la risoluzione è $\Delta F = F_c/N_p$, ma nella pratica la frequenza viene riportata in valori interi, limitando la risoluzione ad 1 Hz; il parametro "Funzione" permette invece di selezionare la cosiddetta finestra, che è un modo di troncare dolcemente i dati alle estremità di ogni spezzone, peggiorando la risoluzione in frequenza ma migliorando lo spettro nel suo complesso: potete provarne diverse per capire cosa cambia: se non si ha voglia di procedere per tentativi, consiglio di adoperare la finestra detta "di Hann" che costituisce generalmente un buon compromesso tra le diverse esigenze. Infine il parametro "Asse" consente di scegliere tra un asse in frequenza lineare o logaritmica: la scala logaritmica consente di vedere in dettaglio la regione a bassa frequenza. Le misure sullo spettro possono essere effettuate con il cursore: il primo dei due display numerici consente di misurare il valore dello spettro in corrispondenza del cursore, mentre il secondo fornisce ampiezza e frequenza del picco più vicino al cursore stesso. L'ampiezza dello spettro viene misurata in Decibel, con unità di riferimento tale che una sinusoide di ampiezza 1. Lo spettro può essere esportato in un file di testo, e successivamente analizzato con Excel, o qualunque altro software preferito (vedi esempi in figura 1.17).

1.8.3 Spettrogramma

Lo spettrogramma in Audacity può essere visualizzato in alternativa, o insieme, alla forma d'onda: bisogna cliccare sul menù della traccia (i tre puntini in alto all'inizio di ogni traccia) e scegliere tra *multi-vista* o *forma d'onda* o *spettro*. Nello stesso menù è possibile scegliere le impostazioni dello spettrogramma: la quantità più importante è la "dimensione finestra", che corrisponde ancora una volta al parame-

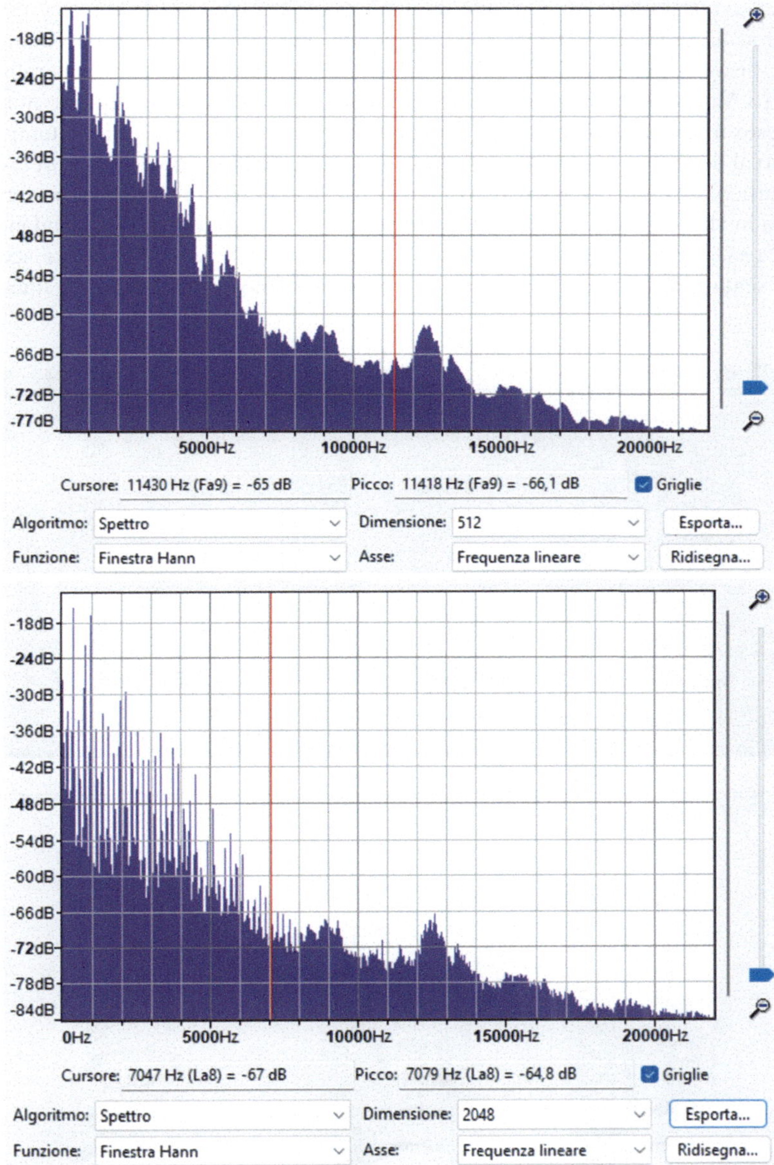

Figura 1.17 Due spettri ottenuti da Audacity con diversa risoluzione in frequenza: il parametro da considerare è "Dimensione". Il suono è quello della quarta corda del violino, il Sol3: si distinguono immediatamente le armoniche multiple della fondamentale di 198 Hz. La risoluzione in frequenza è uguale, nel primo caso, a $44\,100/512 \approx 88$ Hz, mentre nel secondo è uguale a $44\,100/2048 \approx 22$ Hz: l'uso di una finestra di Hann nel calcolo dello spettro tuttavia peggiora notevolmente questi numeri: infatti, come si vede nel grafico in alto, le varie linee distanti circa 198 Hz vengono fuse in un'unica struttura e risultano distinguibili a fatica

tro N_p: se questo numero è grande, la risoluzione in frequenza è alta, se è piccolo invece si ha la migliore risoluzione temporale. Per ottenere un grafico comprensibile, bisogna trovare un compromesso tra queste due quantità: io generalmente adopero $N_p = 2048$, occasionalmente raddoppiando o dimezzando questo numero: in questo modo la risoluzione in frequenza è intorno al 20 Hz e quella temporale intorno al decimo di secondo. Purtroppo la scala verticale è impostata in *mel*, che è una particolare unità psicoacustica di misura delle altezze. Un fisico può preferire la misura in Hz: si può modificare in modo permanente questa preferenza andando su `Modifica -> Preferenze -> Spettrogrammi`, dove è possibile anche scegliere tra scala lineare e logaritmica e minimo e massimo di frequenza, la finestra e

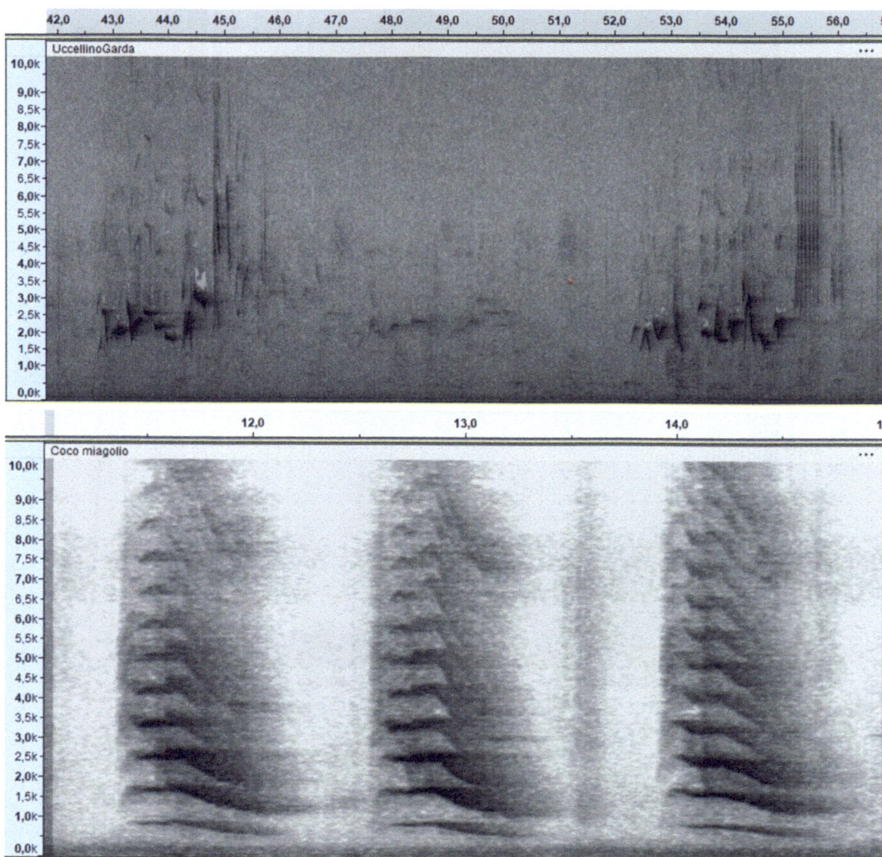

Figura 1.18 Spettrogrammi di due suoni registrati in casa: sopra, il fischi di un merlo del giardino, sotto il miagolio di un gattino nato da poco. Le linee scure corrispondono alle zone tempo-frequenza dove l'intensità è maggiore. Si riconosce immediatamente la ricchezza del canto del merlo, con le audaci variazioni di frequenza, mentre il miagolio del gatto appare molto più simile a quella che vedremo più tardi essere la voce umana

dei parametri che consentono di migliorare il contrasto. Per ragioni tipografiche, in questo testo mostro gli spettrogrammi in scala di grigi, ma nell'uso quotidiano è meglio adoperare una *colormap* colorata. Lo spettrogramma è la rappresentazione grafica più vicina a quella che è la nostra percezione dei suoni, in quanto la sua analisi mista tempo/frequenza ricorda da vicino quella effettuata dalla coclea. Due esempi eloquenti si possono osservare in figura 1.18)

Capitolo 2
Tassonomia sonora

Possiamo tentare una classificazione dei suoni in base alle caratteristiche temporali o spettrali. Solitamente esiste uno stretto legame tra quello che avviene nel dominio del tempo e quello che avviene nel dominio delle frequenze: alcune caratteristiche però posso essere più evidenti osservando in un dominio piuttosto che in un altro.

2.1 Suoni puri

I suoni, o toni, puri sono suoni caratterizzati da una oscillazione sinusoidale, prodotta da un moto armonico semplice. Il loro spettro contiene una sola frequenza, che ne definisce esattamente l'altezza. In natura è difficile trovare suoni puri: bisogna infatti riuscire a produrre una oscillazione in cui interviene un solo "modo", e bisogna che le forze siano elastiche con ottima approssimazione. Un esempio di tono puro è il suono prodotto dal diapason (figura 2.1). Tuttavia è facilissimo ottenere suoni estremamente puri tramite circuiti elettronici o tramite il calcolatore.

2.2 Suoni periodici o armonici

Alcuni suoni risultano periodici, ovvero la forma d'onda presente un andamento che si ripete uguale dopo un tempo T detto periodo. In natura nessun suono è esattamente periodico: abbiamo visto, ad esempio, che gli oscillatori armonici semplici si smorzano e quindi la loro ampiezza diminuisce con l'andare del tempo; anche nel caso in cui sia presente un meccanismo in grado di fornire energia alle oscillazioni, è difficile che la loro ampiezza e andamento risultino esattamente uguali da un ciclo all'altro. Suoni esattamente periodici possono essere ottenuti però tramite un computer, o un circuito elettronico perfettamente tarato. In ogni caso, vedremo che molti suoni presenti in natura possono essere considerati periodici se ci si limita ad osservarli per un breve periodo di tempo: è il caso della voce umana, degli strumenti

I. Ferrante, *La Fisica del Suono e della Musica*,
https://doi.org/10.1007/978-3-031-86344-8_2

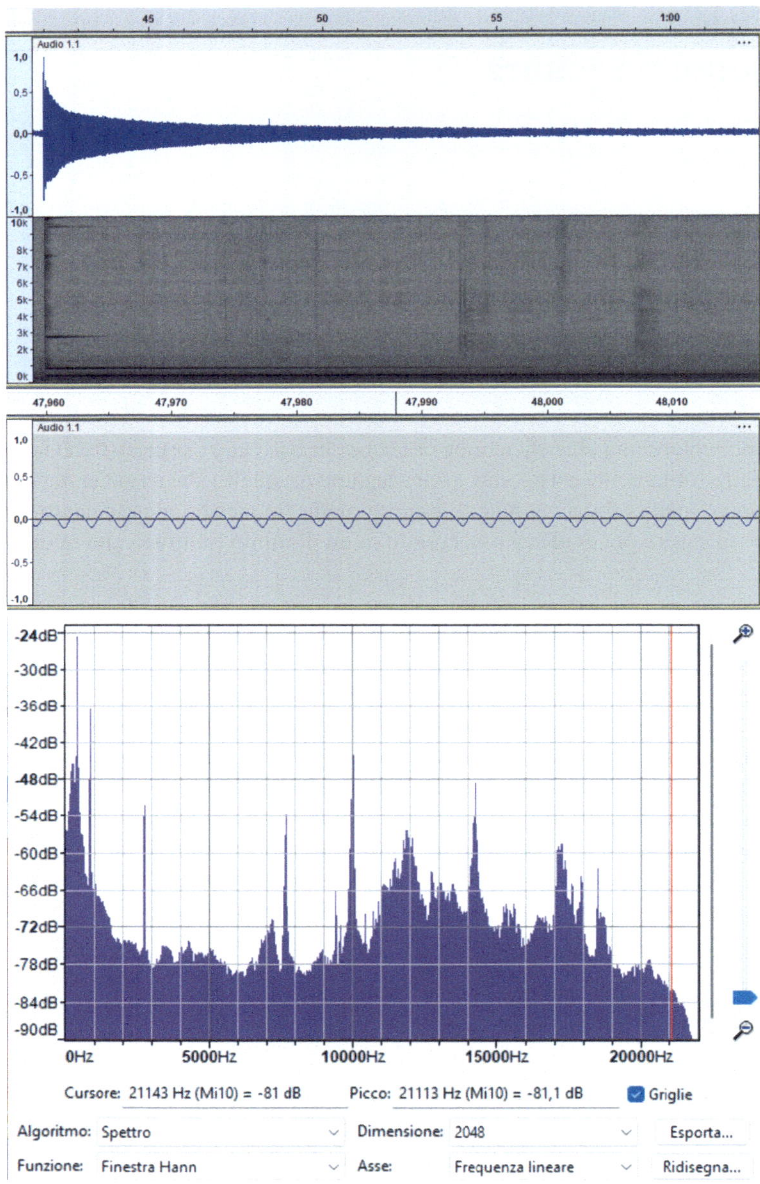

Figura 2.1 Forma d'onda, Spettro, spettrogramma, del suono prodotto da un diapason accordato a 440 Hz. Nell'istante in cui il diapason viene percosso, si ha un suono impulsivo, che poi decresce esponenzialmente. Come si vede, la linea a 440 Hz è dominante, ma c'è anche un piccolo contributo dalla frequenza doppia: questa è una delle migliori approssimazioni ottenibili di un suono puro

ad arco, degli strumenti a fiato. Il numero di cicli per secondo di un suono periodico è detto frequenza fondamentale.

I suoni periodici possiedono una caratteristica dello spettro che li rende estremamente importanti: infatti applicando il teorema di Fourier è possibile scomporre un suono periodico nella somma di infiniti toni puri, detti *ipertoni* o *parziali*, le cui frequenze sono multiple intere della frequenza fondamentale: si parla in questo caso di ipertoni armonici, o semplicemente di *armoniche*. Quindi, se la frequenza fondamentale ha il valore F_1, le altre frequenze presenti saranno $F_2 = 2F_1$ (seconda armonica), $F_3 = 3F_1$(terza armonica), $F_4 = 4F_1$ (terza armonica), etc. La frequenza fondamentale è proprio quella uguale all'inverso del periodo della vibrazione, ovvero $F_1 = 1/T$. Uno spettro di questo tipo è detto spettro armonico, e per questo motivo i suoni periodici sono detti anche suoni armonici. In linea di principio non esiste un limite superiore alle frequenze che possono essere presenti in un suono: in genere però l'ampiezza delle armoniche diminuisce man mano che la loro frequenza sale, per cui da un certo punto in poi la loro presenza non è più rilevabile. Inoltre, ovviamente, l'orecchio non è in grado di percepire le armoniche di frequenza maggiore del suo limite naturale. Alcune delle armoniche possono risultare mancanti, talvolta anche la stessa fondamentale, mentre talvolta possono essere presenti, ad esempio, solamente le armoniche dispari.

All'orecchio i suoni armonici vengono percepiti come un tutt'uno, dato che le singole componenti appaiono fuse tra di loro, ed inoltre presentano una altezza ben definita, legata al valore della frequenza fondamentale, anche nei casi in cui questa abbia una ampiezza ridotta o addirittura nulla. Visivamente, si possono riconoscere facilmente osservando lo spettro, che ha una forma caratteristica "a pettine" con tante righe equispaziate, o osservando la forma d'onda. I suoni con spettro armonico sono alla base del linguaggio musicale, e verranno esaminati a fondo.

2.3 Suoni anarmonici

I suoni anarmonici sono suoni aperiodici: ovvero, suoni che non si ripetono uguali dopo un tempo fissato: tuttavia non si tratta di vibrazioni totalmente casuali, anzi il loro comportamento è prevedibile con buona approssimazione una volta che si conoscano alcuni parametri iniziali. Anche i suoni anarmonici sono caratterizzati dalla presenza di tanti suoni puri distinti, ma le loro frequenze non si trovano in una relazione semplice tra di loro come nel caso precedente: anzi, a volte riuscire a trovare la legge che le lega costituisce una sfida per un fisico esperto. La frequenza più bassa è sempre detta fondamentale, mentre quelle più alte sono dette semplicemente ipertoni o *parziali*. I suoni anarmonici sono solitamente prodotti dalle vibrazioni di oggetti estesi nello spazio: ogni frequenza corrisponde ad un distinto modo di vibrazione. A differenza di quello che succede con i suoni armonici, l'orecchio percepisce le singole frequenze come distinte, e non è quindi in grado di attribuire un'altezza definita a questo tipo di suoni, tranne casi particolari in cui un gruppo di frequenze presenta delle caratteristiche armoniche (come, vedremo, nelle campane

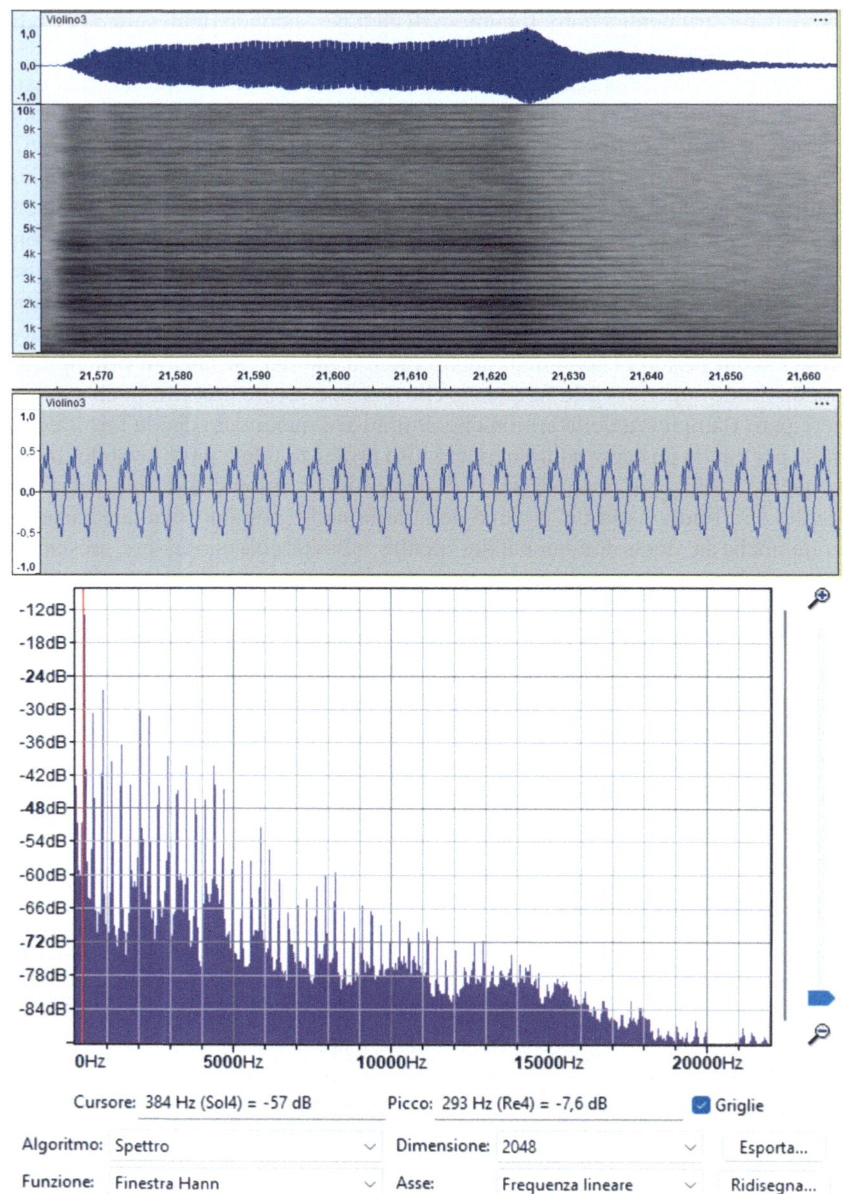

Figura 2.2 Forma d'onda, spettrogramma e spettro del suono del violino (seconda corda a vuoto). La forma d'onda è chiaramente periodica, anche se su lunghe scale di tempo si osservano variazioni di ampiezza. Lo spettro ha la caratteristica forma a pettine: si vedono bene le armoniche fino alla quarantesima circa

tubolari) vicine ad essere armoniche, o quando una singola frequenza domina sulle altre (come nello xilofono e nella marimba. Lo spettro è caratterizzato da una serie di linee non equispaziate, e la forma d'onda non presenta periodicità. I suoni anarmonici sono quelli prodotti dagli strumenti a percussione (tamburo, triangolo, piatti, gong, etc..) solitamente adoperati come accompagnamento ritmico, tranne in quei casi (timpano, xilofono, marimba, campane tubolari) in cui l'orecchio è in grado di attribuire un'altezza al suono prodotto. In figura 2.3 viene mostrato il suono di un triangolo: dallo spettrogramma è possibile notare il ricco spettro formato da tante linee che si affollano in modo solo apparentemente casuale, ciascuna con il proprio tempo di smorzamento.

2.4 Suoni casuali

I suoni casuali sono suoni che non presentano una regolarità di nessun tipo, ma la cui ampiezza varia istante per istante in modo imprevedibile. Esempi sono il rumore della pioggia, le consonanti esse ed "effe", il suono delle maracas, etc. I suoni casuali presentano uno spettro privo di frequenze particolari, ed una forma d'onda irregolare. I suoni casuali sono caratteristici di alcuni strumenti ritmici, come i cosiddetti bastoni della pioggia. Ad esempio, in figura 2.4 si può osservare spettro e forma d'onda del suono in uscita da un condotto dell'aria condizionata: si tratta di una vibrazione priva di qualsiasi struttura che non presenta una altezza ben definita. Lo spettro non presenta delle componenti ben distinte, ma fluttua in modo casuale intorno ad una linea continua.

2.5 Suoni impulsivi

I suoni impulsivi sono caratterizzati da una breve durata, misurabile in decimi di secondo. Solitamente il loro spettro non ha una ampiezza definita, ma si estende dalle basse alle alte frequenze con continuità. I suoni impulsivi non hanno quasi mai una altezza ben definita, perché sono troppo brevi per produrre uno stimolo chiaro, ed il numero di oscillazioni è troppo piccolo per una misura precisa. Pertanto i suoni di questo tipo sono caratteristici degli strumenti ritmici, ma a volte possono essere adoperati per suonare semplici melodie, come nel caso di certi metallofoni adoperati nelle scuole. In figura 2.5 vengono mostrati tre possibili esempi.

2.6 La scala musicale

A questo punto siamo in grado di riprendere il discorso sulla sensazione di altezza di un suono. Abbiamo visto che nel caso di suoni puri, formati da una sola sinusoide, la sensazione di altezza di un suono è fortemente legata alla sua frequenza:

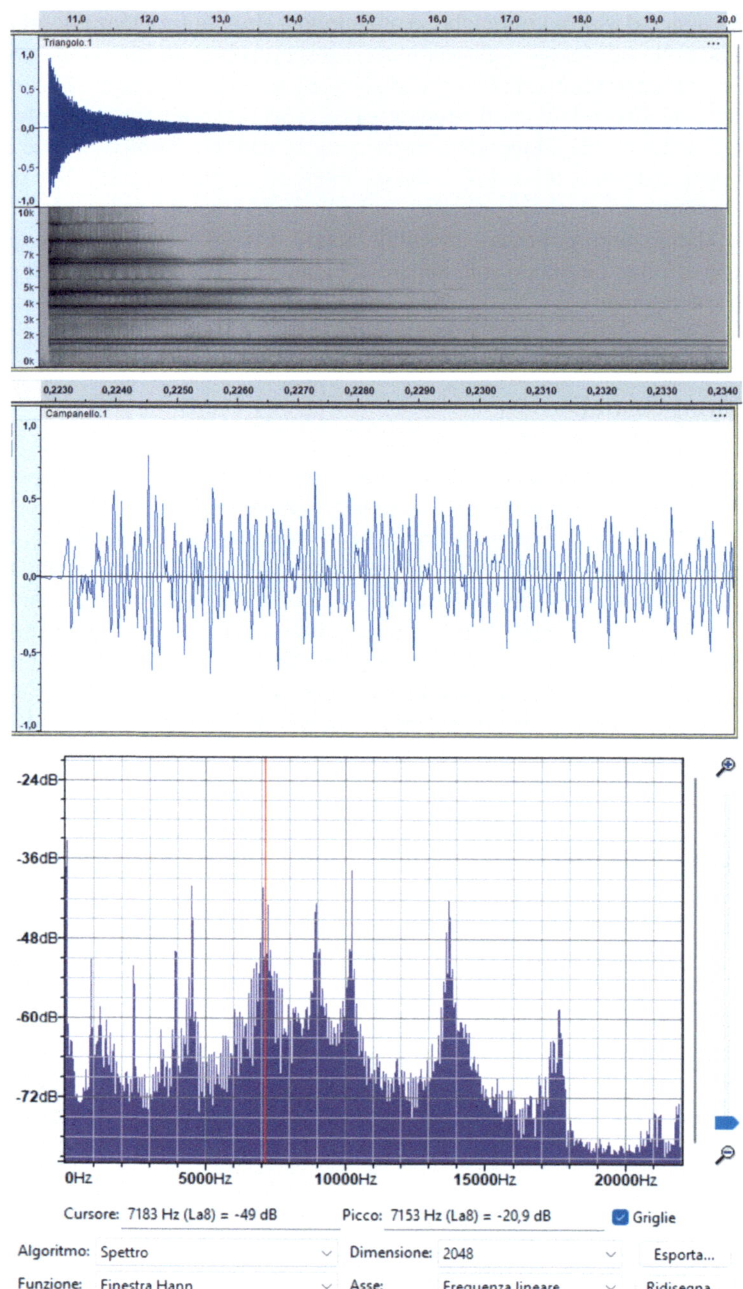

Figura 2.3 Suono prodotto da un triangolo: nell'inserto si vede chiaramente la natura non periodica del suono. Lo spettro (a sinistra) è una selva di righe distribuite in modo apparentemente disordinato

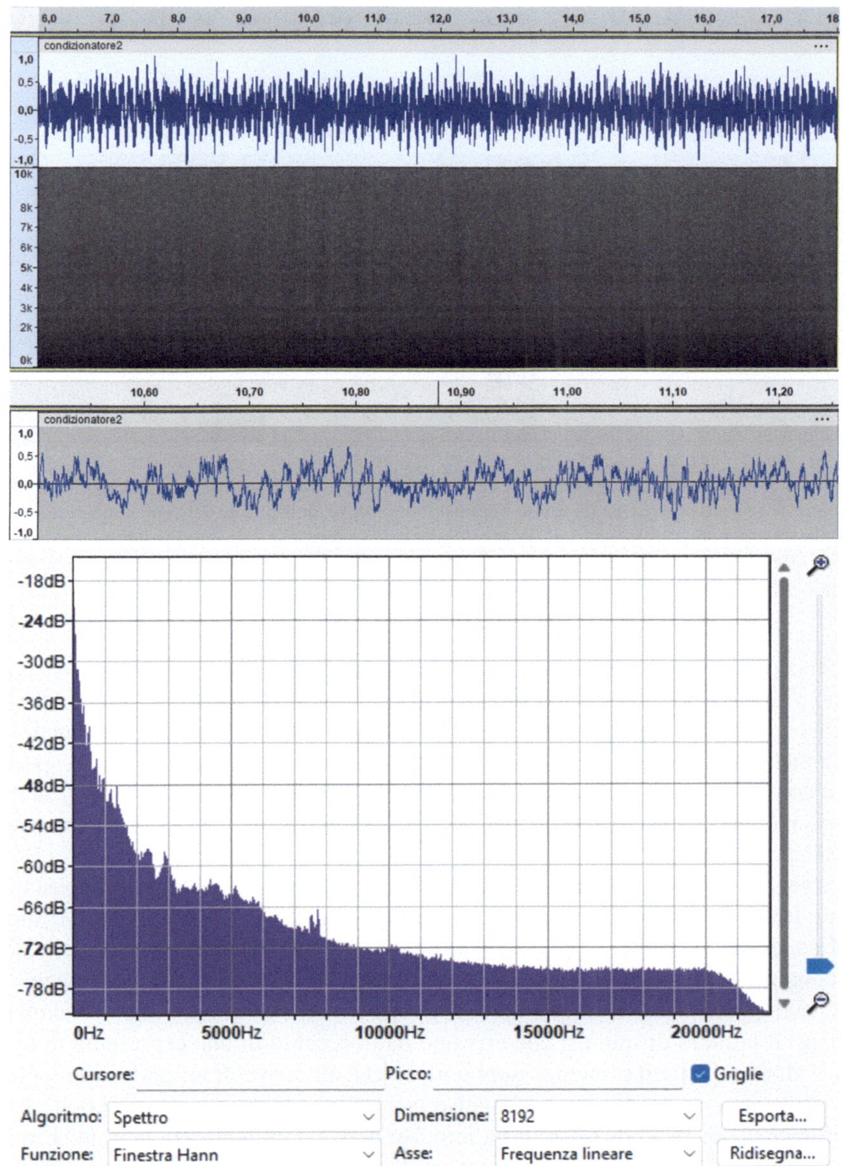

Figura 2.4 Suono registrato all'uscita di un condotto dell'aria condizionata. Come si vede si tratta di un suono privo di qualunque struttura: la forma d'onda ha un andamento casuale, e lo spettro non presenta linee isolate

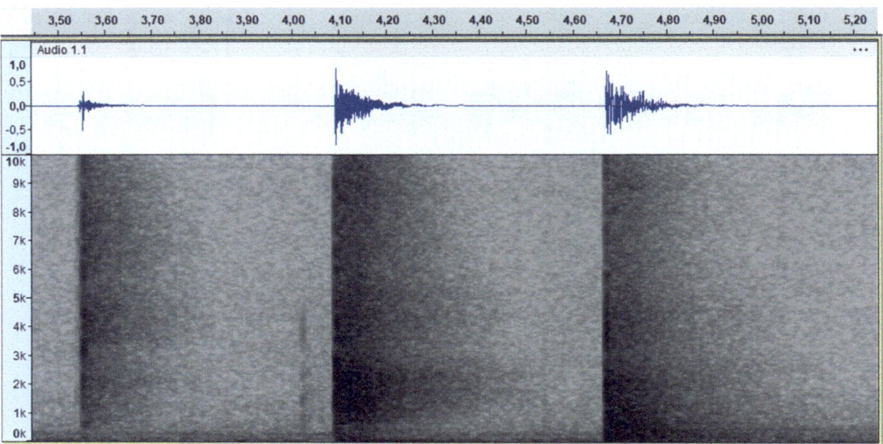

Figura 2.5 Tre rumori impulsivi: schiocco delle dita, colpo sul tavolo con la mano aperta e battito di mani. Si vedono nei tre casi un primo impulso molto breve, dell'ordine del centesimo di secondo, seguito da una coda più lunga, dell'ordine del decimo di secondo. Gli impulsi hanno uno spettro che si estende fino ad altissime frequenze. Nel caso del colpo sul tavolo è evidente, dalla forma d'onda, l'oscillazione dei piano del tavolo dopo l'urto

oscillazioni lente corrispondono a suoni gravi, mentre oscillazioni rapide corrispondono a suoni acuti. Nel caso di suoni periodici o quasi periodici, aventi quindi uno spettro armonico, la sensazione di altezza è legata alla frequenza fondamentale: le armoniche superiori servono solo a "colorire" il suono. Nel caso di suoni non periodici, con spettro non armonico, non sempre è possibile individuare una altezza ben precisa: quando accade, questa è legata quasi sempre alla frequenza fondamentale, che è spesso dominante.

Spiegare queste caratteristiche adoperando la teoria posizionale è abbastanza complicato, perché in linea di principio non c'è nessun motivo per cui due suoni di frequenza, ad esempio, 100 e 200 Hz debbano fondersi assieme, visto che colpiscono zone diverse della membrana basilare. Per rispondere a questo problema, è stata sviluppata la teoria temporale: si suppone cioè che il cervello in qualche modo "conti" il numero di impulsi che arrivano dall'orecchio in una certa unità di tempo. Vediamo qual'è il principio: supponiamo che all'arrivo di un'onda di pressione le cellule nervose producano un impulso in corrispondenza dei massimi dell'onda. L'efficienza per la produzione di un impulso deriva dall'ampiezza dell'onda in arrivo: maggiore è l'ampiezza, maggiore è il numero di impulsi inviati al cervello. Ma se il segnale è periodico questi impulsi sono raggruppati temporalmente in una struttura che ha lo stesso periodo della fondamentale! Gli impulsi delle armoniche successive sono sincronizzati con la fondamentale e vanno a rafforzarla. Pertanto è plausibile che esista un secondo meccanismo che si basa sullo sviluppo temporale dell'onda e che permette al cervello di valutarne la periodicità. I due criteri, posizionale e temporale, probabilmente coesistono, e sono forse integrati da meccanismi di apprendimento che permettono di riconoscere e ricostruire l'altezza di un suono quando alcuni elementi, come appunto la fondamentale, vengono a mancare. Il risultato di questi criteri viene chiamato da alcuni autori *filtro armonico* [12].

La sensazione di altezza ha un andamento logaritmico: ovvero, la differenza di altezza tra due suoni è legata al rapporto tra le frequenze: ad esempio, in un intervallo di quinta (corrispondente alla distanza che c'è, ad esempio, tra il Do e il Sol successivo), corrisponde ad un rapporto di frequenze ideale tra la nota più acuta e quella più grave pari a $3/2$; in un intervallo di quarta (Do-Fa) il rapporto ideale è di $4/3$. L'intervallo più importante è comunque l'ottava, corrispondente a due suoni di frequenza una doppia dell'altra. Due suoni che si trovano ad un'ottava di distanza vengono percepiti dall'orecchio come la fondamentale e la prima armonica di uno stesso suono, e vengono pertanto fusi e percepiti come suono unico: per questo a due note a distanza di una ottava viene dato nel linguaggio musicale lo stesso nome. La scala musicale, come si sa, è una successione di note di altezza crescente che termina su una nota dello stesso nome di partenza a distanza di una ottava. Costruire la scala musicale vuol dire trovare una regola che consenta, a partire da una nota, di trovare tutte le note intermedie tra quella e quella ad una ottava superiore. Questo problema è stato risolto in modo differente da differenti culture: qui ci occuperemo della soluzioni adoperate nella cultura occidentale, che affondano le radici, secondo la tradizione, in Pitagora e nella sua scuola. Fu Pitagora, infatti, secondo la leggenda, a scoprire che gli intervalli consonanti corrispondo ai rapporti di $2, 3/2, 4/3$, ovvero a rapporti tra numeri semplici. Si racconta che Pitagora, passando davanti alla porta di un fabbro, si rendesse conto di come il suono di martelli le cui dimensioni stavano nel rapporto di $3/2$ producessero un intervallo di quinta. La leggenda è sicuramente apocrifa, in quanto non è possibile che due martelli con quella proporzione producano frequenze che stanno nello stesso rapporto (vedremo qualche esempio, dopo), ed è probabile che l'osservazione sia stata effettuata su di uno strumento a corda: rimane il fatto che le basi scientifiche della musica vengano fatte risalire a tempi molto antichi. A Pitagora viene attribuita anche l'invenzione della scala musicale.

La scala pitagorica si basa sulla definizione di quarta e di quinta come intervalli consonanti: si parte ad esempio dal Fa, e si sale di una quinta, moltiplicando la frequenza per $3/2$: in questo modo si trova il Do. Dal Do si scende di una quarta, moltiplicando la frequenza per $3/4$ e si trova il Sol. Successivamente si sale nuovamente di una quinta, e si trova il Re; ripetendo questa operazione si trovano in successione il La, il Mi ed il Si. A questo punto ci si ferma: riordinando le note dal Do al Si, eventualmente scendendo o salendo di una ottava, si costruisce la nota scala musicale occidentale di modo maggiore formata da 7 note, con rapporto pari a $9/8$ tra la frequenza della maggior parte delle note (intervallo di tono) e con un rapporto di $256/243$ tra il Fa e il Mi e tra il Do e il Si precedente (intervallo di semitono), come mostrato in figura 2.6.

Si noti che $(256/243)^2 \approx 1.11 \approx 9/8$: ovvero due semitoni fanno (circa) un tono. Con questa scelta, assumendo il La uguale a 440 Hz, si trovano le frequenze indicate in tabella 2.1.

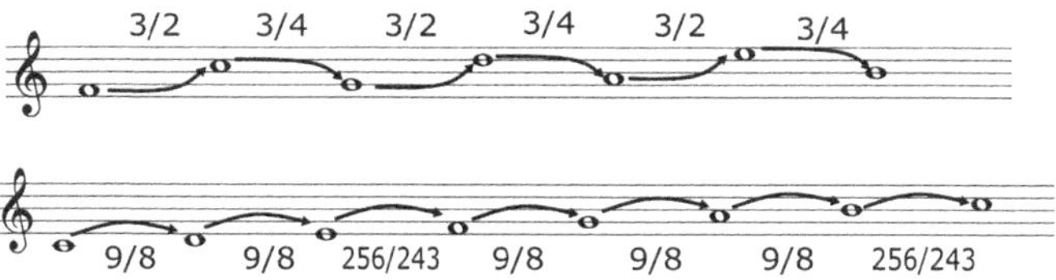

Figura 2.6 Costruzione della scala pitagorica tramite intervalli ascendenti di quinta e discendenti di quarta. Nel rigo sotto le note sono riportate nella sessa ottava in ordine ascendente con i rapporti in frequenza tra due note adiacenti

Tabella 2.1 Scala diatonica pitagorica, posto il La uguale a 440 Hz

Nota		Frequenza (Hz)
Do	f_{Do}	261
Re	$\frac{9}{8} f_{Do}$	293
Mi	$\left(\frac{9}{8}\right)^2 f_{Do}$	330
Fa	$\left(\frac{9}{8}\right)^2 \cdot \frac{256}{243} f_{Do} = 4/3 f_{Do}$	347
Sol	$\left(\frac{9}{8}\right)^3 \cdot \frac{256}{243} f_{Do} = 3/2 f_{Do}$	391
La	$\left(\frac{9}{8}\right)^4 \cdot \frac{256}{243} f_{Do}$	**440**
Si	$\left(\frac{9}{8}\right)^5 \cdot \frac{256}{243} f_{Do}$	495
Do	$\left(\frac{9}{8}\right)^5 \cdot \left(\frac{256}{243}\right)^2 f_{Do} = 2 f_{Do}$	522

Si noti che la discesa di una quarta può essere considerata come la salita di una quinta seguita dalla discesa di un'ottava ($3/2 \cdot 1/2 = 3/4$) per cui la scala può essere costruita in modo alternativo con sole salite di quinta eventualmente seguite da discese di un'ottava. Ovviamente non esiste modo per fermarsi a sette note: in alcune scale, ad esempio, ci si ferma a 5 (scala pentatonica), oppure si continua fino a 12 trovando i semitoni intermedi, oppure si continua ... per sempre! Purtroppo infatti combinando salite di quinta e discese di ottava non si può mai tornare alla nota di partenza (non esistono due numeri interi N ed M per cui $(3/2)^N = 2^M$). Se N è uguale a 12, tuttavia, la differenza tra la nota di partenza e quella di arrivo è sufficientemente piccola (questo intervallo è detto *comma pitagorico*) ed abitualmente ci si ferma. Rimane un problema, però, ovvero il fatto che partendo non dal Fa ma da una nota diversa si trovano dei rapporti diversi tra le note, e quindi l'accordatura di uno strumento effettuata in una certa tonalità, non va bene se si suona in una tonalità diversa! Si rende necessario quindi effettuare una modifica della scala pitagorica che da una parte mascheri il comma pitagorico, mentre dall'altra renda accettabile il passaggio da una tonalità all'altra: questa modifica è detta *temperamento*. Una possibile soluzione molto adoperata in passato è ad esempio la scala naturale, che utilizza anche l'intervallo di terza maggiore, quello tra il Do ed il Mi, ponendolo esattamente uguale a $5/4$. Il problema del temperamento ha creato passioni e dispute cui parteciparono anche Vincenzo Galilei ed suo figlio Galileo: non

Tabella 2.2 Frequenze della scala equabile, posto il La a 440 Hz

Nota		Frequenza (Hz)
Do4	f_{Do}	261.63
Do♯, Re♭	$r \cdot f_{Do}$	277.18
Re	$r^2 \cdot f_{Do}$	293.66
Re♯, Mi♭	$r^3 \cdot f_{Do}$	311.13
Mi	$r^4 \cdot f_{Do}$	329.63
Fa	$r^5 \cdot f_{Do}$	349.23
Fa♯, Sol♭	$r^6 \cdot f_{Do}$	370.00
Sol	$r^7 \cdot f_{Do}$	392.00
Sol♯, La♭	$r^8 \cdot f_{Do}$	415.30
La	$r^9 \cdot f_{Do}$	**440.00**
La♯, Si♭	$r^{10} \cdot f_{Do}$	466.16
Si	$r^{11} \cdot f_{Do}$	493.33
Do5	$r^{12} \cdot f_{do} = 2f_{Do}$	523.25

è il caso di trattarlo qui, per cui si rimanda ad altri testi [13, 14]. Bisogna però dire che a partire del '600 si è largamente affermata una soluzione (che ormai viene considerata LA soluzione) che, per quanto approssimata, è ormai universalmente accettata. Nell'accordatura degli strumenti moderni, si assume infatti che l'intervallo di tono sia esattamente uguale a due semitoni, e che i semitoni siano tutti uguali tra di loro: questo tipo di divisione dell'ottava è detto *temperamento equabile* e si è definitivamente affermato con la diffusione domestica degli strumenti a tastiera. Col temperamento equabile tutti gli intervalli consonanti risultano leggermente stonati, ma in modo impercettibile per un orecchio non allenato; inoltre non esiste alcuna differenza, ad esempio, tra il Do diesis ed il Re bemolle, che corrispondono infatti allo stesso tasto nero nella tastiera del pianoforte. Un'ottava corrisponde pertanto esattamente a dodici semitoni. Il rapporto tra la frequenza di due semitoni successivi è un certo valore r che vogliamo determinare: sappiamo che salire di un semitono equivale a moltiplicare la frequenza per r; dopo dodici semitoni troviamo la stessa nota da cui siamo partiti, ma una ottava sopra, e pertanto con frequenza raddoppiata: si deve quindi avere $r^{12} = 2$, ovvero $r =^{12} \sqrt{2} \approx 1.0595\ldots$[1]. In questo modo un intervallo di quinta corrisponderà, ad esempio, a $2 + 2 + 1 + 2 = 7$ semitoni, ovvero $2^{7/12} \approx 1.4983$ che si discosta di poco da $3/2 = 1.5$, mentre un intervallo di quarta corrisponde a $2^{5/7} \approx 1.3348$ da confrontare con $4/3 = 1.\overline{3}$. A questo punto la scala musicale è completamente determinata una volta definita la frequenza f_0 della nota di partenza. La convenzione più comunemente accettata è di scegliere per il La della quarta ottava la frequenza di 440 Hz, anche se esistono accordature alternative solitamente adoperate nell'esecuzione della musica di particolari periodi storici. Con questa scelta si trovano le frequenze esemplificate nella tabella 2.2.

[1] Trovo piuttosto ironico che un problema, posto dalla scuola Pitagorica che era stata sconvolta dalla scoperta dei numeri irrazionali, sia successivamente stato risolto proprio attraverso l'uso di un numero irrazionale.

Le frequenze delle note delle ottave superiori o inferiori possono essere ottenute raddoppiando o dimezzando questi valori[2].

2.7 Esperimenti e misure

In questa sezione vengono proposti alcuni esercizi da effettuare con Audacity che consentono di verificare le proprietà dei suoni sopra esposte. Le operazioni da compiere sono descritte passo passo, facendo riferimento come sempre alla traduzione italiana di Audacity.

2.7.1 Toni puri

Generare una traccia con un tono in Audacity:

- Aprire un nuovo progetto di Audacity.
- Scegliere: `Tracce -> Aggiungi nuova -> Traccia mono.`
- Posizionare il cursore all'inizio della traccia vuota.
- Andare successivamente sotto `Genera -> Tono.`
- Scegliere "sinusoidale", la frequenza e l'ampiezza, che può essere al massimo 1; regolare inoltre la durata.

Provare varie frequenze. Provare il suono dell'onda quadra, triangolare e del dente di sega.

Andare sotto `Analizza -> Mostra spettro` e vedere gli spettri dei suoni generati: si noterà come l'onda sinusoidale presenta un solo picco ad una sola frequenza, mentre l'onda quadra e l'onda triangolare mostrano un pettine di armoniche equispaziate. Si noti inoltre come nello spettro dell'onda quadra e triangolare siano presenti solo le armoniche di frequenza multipla dispari della frequenza fondamentale, mentre nell'onda a dente di sega sono presenti anche le armoniche pari. Si può anche vedere che l'ampiezza delle armoniche dell'onda triangolare diminuisce molto più rapidamente di quella delle armoniche dell'onda quadra.

---

[2] Negli ultimi tempi si è andata diffondendo nei social media la notizia secondo cui la natura possiederebbe una frequenza naturale a 432 Hz, e che (copio da un sito a caso) "La musica regolata su 432 Hz si propaga nel corpo e nella natura, donando energia e senso di pace, oltre a dare al suono un carattere più chiaro e caldo." Si tratta chiaramente di una bufala priva di qualsiasi valore scientifico: non esiste nel nostro corpo nessun motivo per prediligere i 432 rispetto ai 440 Hz, che risultano indistinguibili alla maggior parte della gente che non possiede l'orecchio assoluto. Allo stesso modo, la notizia secondo cui l'accordatura a 440 Hz fosse stata imposta dal regime nazista nel 1939 a Berlino è una fandonia senza fondamento.

2.7.2 *Suoni armonici*

Generare una successione di tracce, tutte della stessa durata, ognuna delle quali contenga una frequenza multipla della prima, di ampiezze varie ma tali che la loro somma risulti inferiore ad 1.

Ad esempio:

N. traccia	1	2	3	4	5
Frequenza	100	200	300	400	500
Ampiezza	0.5	0.25	0.125	0.0625	0.03

Successivamente ascoltare le tracce insieme premendo Play.

Si vede come le armoniche si fondono in un unico suono. Provando altre combinazioni di ampiezze, il timbro del suono si modifica, ma non la sua altezza. Si può anche provare a rendere muta la prima traccia, ovvero la fondamentale: si noterà, con una certa sorpresa, come l'altezza del suono percepita risulta quella della fondamentale, anche se questa non è presente!

Le tracce possono essere fuse tramite il comando `Tracce -> Miscela e renderizza`: si vede che il suono risultante è periodico.

2.7.3 *Suoni non armonici*

Procedere come prima, ma stavolta generando uno spettro non armonico.

Ad esempio, le frequenze 400, 566, 693, 894 stanno nel rapporto di circa $1 : \sqrt{2} : \sqrt{3} : \sqrt{5}$ per cui non formano in nessun modo una serie armonica. Si può vedere come ascoltando insieme queste frequenze si percepisce un suono sgradevole e non musicale.

2.7.4 *Intervalli*

Generare un tono da 440 Hz, della durata di 1 sec, e successivamente, dopo aver posto il cursore alla fine della traccia, un altro tono di frequenza 660 Hz, della stessa durata e della stessa ampiezza. Quello che viene fuori sono due note ad un intervallo di quinta. Provare cosa succede cambiando entrambe le frequenze, in modo da mantenere il rapporto $3/2$.

Ripetere la stessa cosa con un intervallo di quarta (rapporto $4/3$).

2.7.5 Accordi

Procedere come prima, ma generando i toni su due tracce diverse, in modo da ascoltare i due suoni contemporaneamente.

2.7.6 Scala pitagorica e temperamento equabile

Generare una successione di toni adoperando le frequenze della tabella 2.1. Si ripeta lo stesso procedimento adoperando le frequenze della tabella 2.2 Si nota come la scala pitagorica sembri avanzare più lentamente all'inizio, rispetto alla scala equabile, salvo poi recuperare verso la fine.

2.7.7 La fase

Si dice solitamente che il nostro orecchio è insensibile alla fase del suono, ma solo alle differenze di fase. É una affermazione quantomeno scorretta, visto che la fase viene adoperata in molte situazioni, ad esempio per riconoscere la direzione di un suono, oppure per generare correttamente l'inviluppo di un suono complesso. Però qualcosa di vero c'è, almeno per quanto riguarda i toni puri, e può essere dimostrato facilmente.

Si procede nel modo seguente: si comincia col generare un tono puro, di frequenza ragionevolmente bassa, ad esempio 110 Hz. Purtroppo, come si vedrà, Audacity nella generazione di toni adopera sempre fase uguale a zero, per cui bisognerà ricorrere ad un trucco. Dopo aver generato il primo tono, se ne genera un secondo, di frequenza doppia e ampiezza minore, e poi un terzo, di frequenza tripla, ed anche un quarto di frequenza quadrupla se si vuole. L'unica cosa importante è che la somma delle ampiezze deve risultare inferiore ad 1, per evitare saturazioni.

A questo punto si procede in questo modo: si selezionano, in punti a caso delle tracce , piccoli segmenti di segnale di lunghezza casuale, e si tagliano via: operare in questo modo equivale ad introdurre salti di fase casuali, e di fatto la fase dopo il taglio avrà un valore completamente scorrelato con quella che aveva prima. In questo modo si operano un po' di tagli qua e là, e successivamente si selezionano tutte le tracce e si mixano assieme. quello che è stato ottenuto è un suono armonico in cui però la fase relativa tra le armoniche cambia in modo casuale in corrispondenza di ogni taglio effettuato. Si può andare ad osservare l'effetto con uno zoom su ogni spezzone di traccia: la forma d'onda cambia, anche di molto, in corrispondenza dei tagli, ma, sorpresa, ascoltando il suono ottenuto si scopre che il timbro rimane insensibile a ogni cambiamento di fase!

Tabella 2.3 Frequenze misurate su una tastiera elettronica, arrotondate all'Hz. Si vede che il rapporto in frequenza tra semitoni adiacenti rimane costante, e vicino a quello teorico di $\sqrt[12]{2}$. Il rapporto negli intervalli di quarta e di quinta è molto vicino a quello della scala pitagorica, ovvero $4/3$ e $3/2$ rispettivamente

Nota	Frequenza (Hz)	Rapporto col semitono precedente	Rapporto col Do	
Do3	131			
Do♯3	139	1.061		
Re3	147	1.058		
Re♯3	156	1.061		
Mi	165	1.058	1.260	$\approx 5/4$
Fa3	175	1.061	1.336	$\approx 4/3$
Fa♯3	185	1.057		
Sol3	196	1.059	1.496	$\approx 3/2$
Sol♯3	208	1.061		
La3	220	1.058		
La♯3	233	1.059		
Si3	247	1.060		
Do4	262	1.061	2.00	

2.7.8 Frequenze di una tastiera elettronica

Gli strumenti a tastiera moderni sono tutti accordati secondo il temperamento equabile. Si può facilmente verificare questo fatto misurando la frequenza delle singole note con Audacity, visionandone lo spettro, o più semplicemente con un accordatore: ne esistono di diversi tipi, da acquistare in un negozio di strumenti musicali a pochi euro, o meglio da scaricare sul telefonino o da adoperare online tramite browser. Ovviamente per una verifica di questo tipo lo strumento deve essere perfettamente accordato: per questo motivo ho adoperato una tastiera elettronica. Le frequenze delle note dell'ottava centrale arrotondate all'hertz, sono mostrate nella tabella 2.3, assieme ai rapporti tra semitoni successivi e ai rapporti relativi agli intervalli di quarta e quinta.

2.7.9 Intensità dei suoni

Esistono diverse applicazioni che consentono di adoperare lo smartphone come fosse un fonometro, ovvero uno strumento in grado di misurare in tempo reale non solo il livello sonoro ma anche una serie di proprietà, come ad esempio lo spettro, i valori di picco o di fondo, etc. Nessuna di queste applicazioni è calibrata: esistono delle curve di calibrazione standard fornite dai produttori o degli stessi utenti ma non sono sempre affidabili.

Quella che ritengo più interessante è Openoise, una applicazione prodotta da Arpa Piemonte[3], che consente anche di condividere i dati raccolti con altri utenti e di creare una mappa del territorio. Questa possibilità esiste, tuttavia, solo se il micro-

[3] https://www.arpa.piemonte.it/.

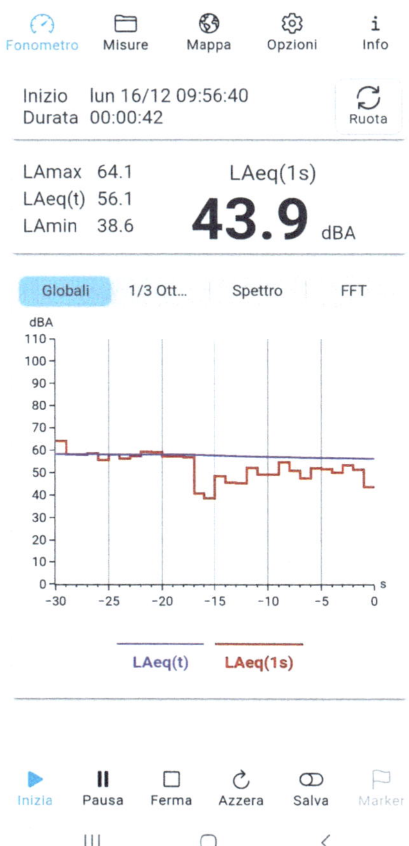

Figura 2.7 Schermata principale di Openoise: il valore LAeq(t) è il livello sonoro equalizzato con la curva A e mediato dall'inizio dell'acquisizione, mentre LAeq(1s) è il valore mediato sull'ultimo secondo di dati. Lo schermo permette di visualizzare anche lo spettro in bande di un terzo di ottava, lo spettrogramma, e la trasformata di Fourier istantanea. La misura è calibrata ed è stata effettuata in una stanza con la radio accesa a volume moderato

fono è stato correttamente calibrato. Anche senza calibrazione, tuttavia, è possibile ottenere risultati interessanti, se non in senso assoluto almeno in senso relativo, ed individuare ad esempio situazioni di criticità che dovranno comunque essere verificate da misuratori esperti. Ho provato a calibrarlo confrontando con un fonometro professionale, e ho visto che il telefonino produceva un risultato sistematicamente 12 dB più basso del fonometro: non è una differenza piccola, per cui consiglio chi può farlo di prendere in prestito un fonometro e di procedere ad una calibrazione.

Ho provato ad adoperare Openoise in alcune particolari situazioni, ad esempio durante concerti di musica pop o nella vita quotidiana, ottenendo sempre risultati ragionevoli. In figura 2.7 viene mostrata e descritta la schermata.

Possiamo provare ad effettuare una serie di esperimenti con Openoise ed Audacity.

Una prova preliminare molto semplice consente di verificare come il livello sonoro dipenda dal numero di sorgenti: si comincia generando una traccia mono su Audacity contenente qualche decina di secondi di rumore bianco. Il rumore bianco è una forma di rumore casuale che presenta nello spettro tutte le frequenze in eguale misura: si ottiene un rumore bianco generando un suono in cui ogni singolo campione è un numero casuale, a media zero, scorrelato dagli altri. Il rumore bianco generato da audacity è anche un rumore gaussiano, ovvero i valori dei singoli campioni sono distribuiti secondo una funzione gaussiana.

Una volta preparata la traccia, la si riproduce con un paio di buoni altoparlanti, e si avvia sul telefonino Openoise. Spostando il cursore del bilanciamento, nel menù della traccia sulla sinistra, il suono passa dall'altoparlante di destra a quello di sinistra, mentre col cursore al centro viene inviato ad entrambi gli altoparlanti con la stessa intensità: si può verificare, con il fonometro al centro, che spostando il cursore da destra a sinistra si ottiene più o meno la stessa intensità, mentre ponendo il cursore al centro la lettura del fonometro è di circa 3 dB più alta.

Il primo esperimento consiste nella verifica di come la sensazione di volume sonoro non sia lineare con l'ampiezza. A questo scopo si genera una traccia sonora contenente del rumore bianco di ampiezza crescente, ad esempio tre secondi di ampiezza 0.1, tre secondi di ampiezza 0.2, etc, fino ad arrivare a circa 0.7 (oltre non conviene, ci sono problemi dovuti alla non linearità degli altoparlanti, ma si può provare): si noterà come i salti in ampiezza diventano sempre meno evidenti all'orecchio, fino a diventare impercettibili.

Lo stesso esercizio si può ripetere raddoppiando ogni volta l'ampiezza, ad esempio con la successione 0.01, 0.02, ... fino a 0.64: stavolta l'aumento di intensità sarà chiaramente udibile ad ogni salto. L'applicazione Openoise misurerà un aumento di circa 6 dB ad ogni raddoppio dell'ampiezza, corrispondente ad una quadruplicazione dell'energia.

Capitolo 3
Fenomeni sonori

In questa sezione presento una serie di fenomeni sonori, spesso proprietà generali dei fenomeni ondosi. Per ciascuno dei fenomeni verrà data una spiegazione tecnica, e verranno descritti uno o più semplici esperimenti finalizzati a verificare quanto spiegato nel paragrafo teorico. Quando possibile, saranno presentati due tipi di esperimenti, uno di tipo qualitativo, ed uno di tipo quantitativo.

3.1 La velocità del suono

Capire che il suono viaggia con velocità finita è esperienza comune di tutti i giorni: dal fenomeno dell'eco, al più comune rimbombo, passando per il ritardo percepito tra lo scoppio di un fuoco artificiale e il botto, o tra il lampo ed il tuono. Poco più difficile è riuscire a misurarne la velocità: per una stima sufficientemente precisa basta un tubo da giardino, lungo qualche metro.

Cominciamo però da un po' di teoria: l'espressione per la velocità del suono in aria è nota già dai tempi di Newton: può essere calcolata in base alle leggi dei gas, unite alla prima legge della dinamica: abbiamo già visto che è data dalla formula

$$c_s = \sqrt{\frac{\gamma R T}{M}}$$

dove M è la massa molecolare media dell'aria, R la costante dei gas, T la sua temperatura assoluta e γ una costante che dipende dal tipo di gas che forma la miscela.

Quindi la velocità del suono non dipende dalla pressione del gas, ma dipende dalla sua temperatura e dalla composizione (nei gas pesanti il suono viaggia più lentamente, e quindi l'umidità dell'aria è importante). Per l'aria si ha in definitiva:

$$c_s \approx 20.1\sqrt{T}$$

che a 20 °C, pari a 293 K diventa circa 344 m/s. A temperature più basse, come ad esempio sulla neve, la velocità scende fino a 330 m/s.

I. Ferrante, *La Fisica del Suono e della Musica*,
https://doi.org/10.1007/978-3-031-86344-8_3

Il suono viaggia quindi ad una velocità abbastanza alta (superiore a quella dei veicoli terrestri, ma superabile da un aeroplano) ma non altissima: la velocità della luce, per dire, è quasi 6 ordini di grandezza più grande.

3.1.1 Misure dirette della velocità del suono

Un esperimento molto semplice che permetta di apprezzare la velocità del suono è quello di prendere un tubo lungo qualche metro, accostare una estremità all'orecchio parlando all'altra estremità: se il tubo è abbastanza lungo, una decina di metri), il ritardo sarà chiaramente percepibile. Purtroppo un comune tubo di gomma attenua troppo il suono, per cui non è possibile adoperare lunghezze molto maggiori di una o due decine di metri: il massimo ritardo ottenibile è pertanto di qualche decina di millisecondi, chiaramente percepibile ma al prezzo di un suono in uscita estremamente debole. Un risultato migliore si può ottenere adoperando un tubo di diametro maggiore, come ad esempio un tubo passacavi corrugato dal diametro interno di cinque o sei centimetri. Tubi di questo tipo sono però costosi ed ingombranti, e quindi inadatti per un esperimento da effettuare una tantum: è possibile, tuttavia, fare qualche prova nei negozi di hobbistica senza dare troppo nell'occhio. Con un tubo di gomma da giardino è comunque già possibile fare una prima misura: bisogna arrotolare il tubo, in modo che i due estremi si trovino abbastanza vicini, piazzare un microfono vicino ad una estremità, avviare la registrazione e produrre un suono secco (ad esempio schioccando le dita, o meglio battendo tra loro due blocchetti di legno) vicino all'altro estremo (vedi figura 3.1).

Il microfono registrerà sia il suono diretto che quello che attraversa il tubo. La differenza di tempo può essere facilmente misurata esaminando il segnale registrato; la differenza tra la lunghezza del tubo e la distanza tra il microfono e la sorgente sonora dà la differenza di percorso. In figura 3.2 viene mostrato il risultato di un esperimento di questo tipo: in questo caso il tubo di gomma era lungo circa 10.7 metri, ed il microfono era praticamente infilato dentro. La distanza diretta tra la sorgente e il microfono era di circa 20 cm. Si vede come il tubo distorca notevolmente la forma dell'impulso, per cui è difficile determinare con precisione la differenza di arrivo, che è comunque di circa 31 millisecondi. Pertanto la stima della velocità del suono risultante è circa $c_s \approx 10.5\,\mathrm{m}/0.031\,\mathrm{s} \approx 339\,\mathrm{m/s}$.

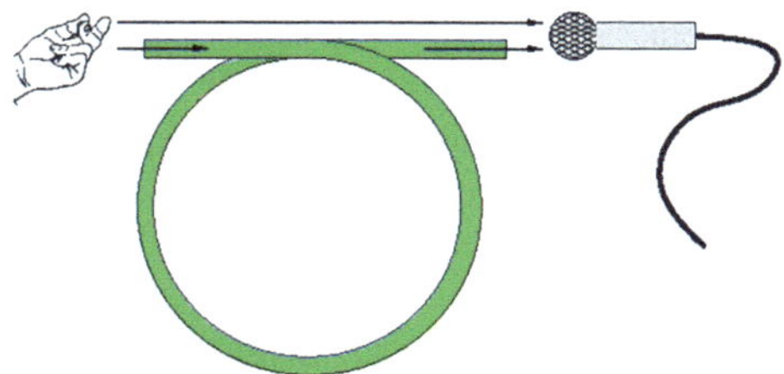

Figura 3.1 Posizionamento del tubo per la misura della velocità del suono

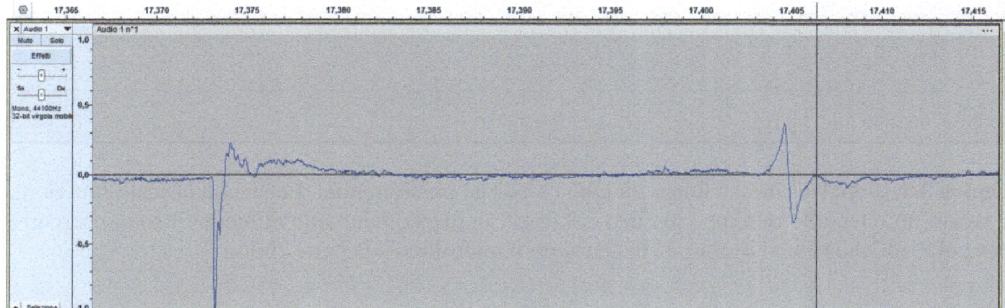

Figura 3.2 L'impulso diretto e quello che ha attraversato il tubo di gomma. La differenza dei tempi di arrivo è di circa 31 millisecondi. Come si vede, dopo avere attraversato il tubo, l'impulso ne esce fortemente deformato

Purtroppo, sia per la difficoltà di determinare con precisione il ritardo, sia per la difficoltà di determinare la differenza di percorso, la stima è solo casualmente precisa: supponendo un'errore di 50 cm nella determinazione della distanza e di 1 ms nella determinazione del ritardo, si ricava che l'incertezza della stima è dell'ordine del 6%, ovvero ± 20 m/s.

Un metodo alternativo più preciso fa uso di un tubo di PVC, del tipo comunemente adoperato negli scarichi, del diametro di 4 cm. Il tubo va chiuso ad una estremità, con una chiusura rigida, ed il microfono va inserito dentro, e posto in una posizione nota, a distanza D dalla chiusura (vedi fig. 3.3). A questo punto si avvia la registrazione tramite Audacity e si produce un suono secco all'estremità libera del tubo, ad esempio schioccando le dita o battendo le mani. Il risultato è visibile in figura 3.4: si nota l'impulso che viaggia lungo il tubo, viene riflesso, e torna indietro.

Audacity consente di misurare con buona approssimazione il tempo impiegato dall'impulso nell'andare e tornare dal microfono all'estremità chiusa: la scala superiore è in decimi di millisecondo, per cui si vede che la distanza tra l'impulso di andata e quello di ritorno è di circa $\Delta T = 8.8$ msec; il tubo adoperato era lungo circa 154 cm ed il microfono si trovava a circa 2 cm dall'imboccatura, per cui $D = 152$, di conseguenza la velocità del suono misurata risulta di $c_s = 2 \cdot D/\Delta T \approx 345$ m/s.

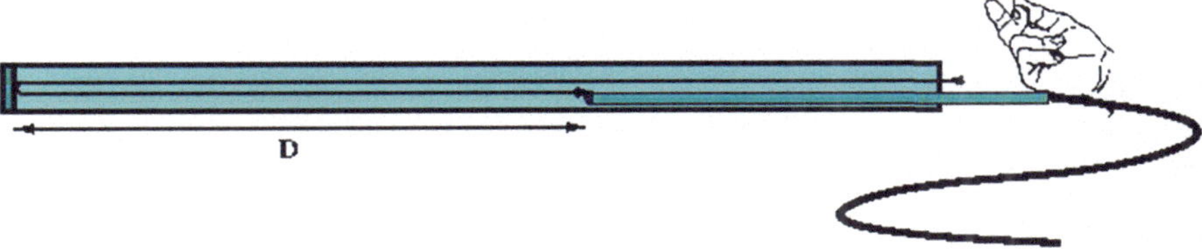

Figura 3.3 Misura della velocità del suono tramite riflessione. Il microfono è posto dentro un tubo avente una estremità chiusa. Producendo un suono secco in corrispondenza dell'estremità aperta del tubo, si registra un impulso sia all'andata che al ritorno, dopo una riflessione

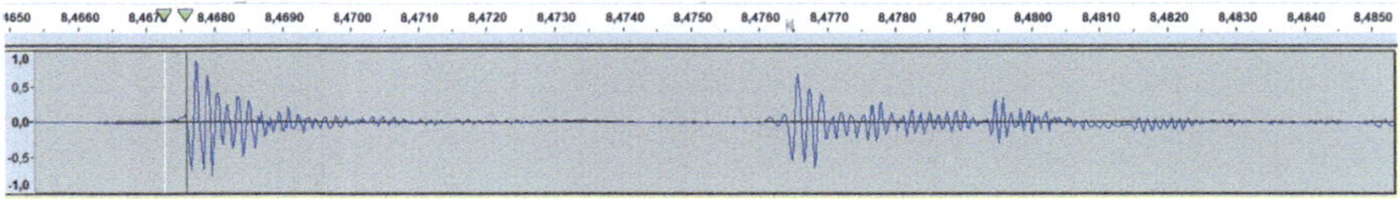

Figura 3.4 Impulso riflesso lungo un tubo chiuso ad una estremità. Leggendo la scala superiore, si ricava un intervallo di tempo di circa 8,8 msec. In questo intervallo di tempo il suono percorre due volte, all'andata e al ritorno, la distanza tra il microfono e la parte chiusa

L'incertezza più grande in questa misura deriva dalla misura di ΔT: assumendo un errore di 0.1 ms, ovvero circa l' 1% del totale, si ottiene una incertezza di circa 3 m/s sul risultato finale, che risulta in buon accordo con le aspettative.

La misura può essere ulteriormente migliorata, ripetendola per diverse distanze e prendendo la media delle misure effettuate: in figura 3.5 è presentato il risultato di questo esperimento: in ordinata è riportata la distanza tra il microfono e l'ostacolo, mentre in ascissa il ritardo. E' possibile effettuare un *fit* dei dati: la pendenza della retta ottenuta è uguale all'inverso della velocità del suono.

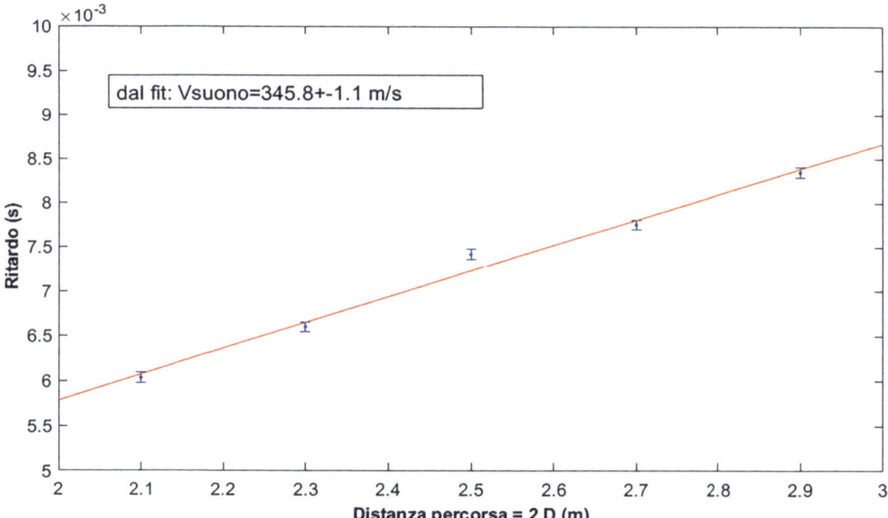

Figura 3.5 Dipendenza dei tempi di ritardo del suono riflesso in funzione della distanza percorsa dal suono, il doppio della distanza dall'estremità chiusa del tubo. La pendenza permette di calcolare la velocità del suono

3.1.2 Altre misure della velocità del suono

La misura diretta della velocità del suono, come si è visto, è estremamente semplice: in letteratura esistono diversi articoli che propongono diverse esperienze didattiche, come ad esempio [15–17], ma, come si è detto, nella maggior parte dei casi è necessaria una attrezzatura leggermente più complessa di quella qui proposta. Fa eccezione il metodo che adopera il programma *phyphox* e due telefonini [18]. L'applicazione implementata in phyphox è un cronometro attivato dal suono. Due studenti **A** e **B** si pongono ad una distanza di qualche metro L e pongono il cronometro in attesa. Lo studente **A** batte le mani, attivando il proprio cronometro, e, ad un intervallo di tempo successivo $\Delta T = L/c_s$, anche il cronometro di **B**. Questi, dopo aver verificato che il proprio cronometro si è messo in movimento, batte a sua volta le mani, fermando quindi dapprima il proprio cronometro, e successivamente, dopo un tempo ΔT il cronometro di **A**. In questo modo il cronometro di **A** si attiva per primo, e si ferma per secondo, segnando quindi un tempo maggiore del cronometro **B**: la differenza $T_A - T_B$ è uguale a $2\Delta T$, e permette quindi di calcolare la velocità del suono. L'incertezza maggiore è in genere dovuta alla misura della distanza tra gli studenti, anche perché l'incertezza sui tempi può essere diminuita ripetendo più volte la misura. Effettuando questo esperimento all'aperto e al chiuso in un giorno di inverno è possibile provare ad apprezzare la differenza dovuta alla diversa temperatura.

Oltre alle misure dirette esistono le misure indirette, che si basano sulla misura della frequenza di risonanza dell'aria contenuta in un tubo: ma di questo argomento parleremo successivamente.

3.2 Riflessione del suono

Abbiamo già visto, e sfruttato, cosa accade quando un suono impulsivo urta un ostacolo rigido, come appunto un tappo posto all'estremo di un tubo.

Più difficile da capire, e meno intuitivo, è quello che succede quando un impulso sonoro raggiunge una estremità aperta di un tubo: anche in questo caso, vedremo, abbiamo una riflessione, ma stavolta il suono riflesso subisce quella che tecnicamente viene chiamata inversione di segno: ovvero, le zone di alta densità e pressione si cambiano in zone di bassa densità e pressione. La forma d'onda viene pertanto rovesciata rispetto all'asse del tempo.

La verifica di questo effetto è possibile, anche se richiede un po' di cura. Io ho adoperato un tubo simile a quello usato in precedenza, ma stavolta ho inserito il microfono molto più a fondo, a circa 120 cm di distanza dall'estremità aperta, e a circa 34 cm da quella chiusa. Il suono è stato prodotto non all'estremità aperta, bensì picchiettando sul fondo del tappo. In questo modo il primo impulso che giunge al microfono è quello diretto; successivamente, circa 7 ms dopo, arriva il suono riflesso dall'estremità aperta, ed infine, dopo altri 2 ms, quello che è stato ancora una volta riflesso dall'estremità chiusa. Il risultato si vede in figura 3.6 : si nota come

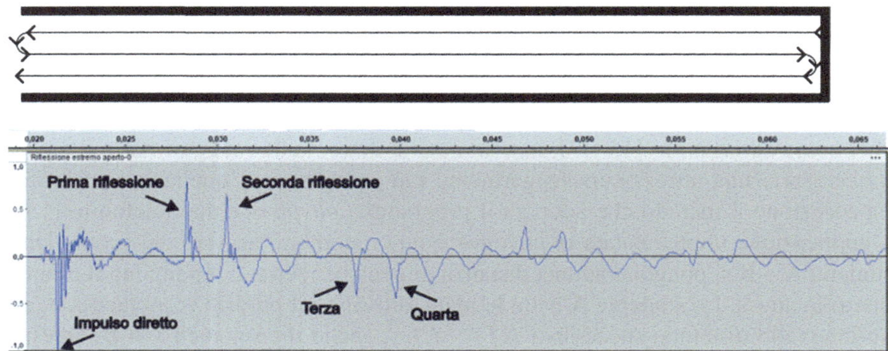

Figura 3.6 Riflessione da un tubo aperto ad una sola estremità: il suono è prodotto all'estremità chiusa, viene riflesso alternativamente da quella aperta e da quella chiusa: la riflessione dall'estremità aperta inverte il segno, mentre la riflessione da quella chiusa lo lascia invariato

la prima riflessione inverte il segno del suono, mentre la seconda lo lascia invariato: tutte le riflessioni successive cambiano o meno il segno a seconda se avvengono sull'estremità chiusa o aperta.

3.3 La risonanza

La risonanza è un fenomeno molto importante in acustica, ed in generale nella scienza del suono. Si ha una risonanza quando un sistema fisico di qualsiasi tipo viene forzato ad oscillare esattamente alla sua frequenza propria: in questo caso l'ampiezza di oscillazione può aumentare enormemente, fino a che non intervengono altri fattori a limitarla. Della risonanza si hanno diversi esempi, alcuni dalla vita quotidiana (l'altalena spinta in sincronia col suo moto), altri da episodi famosi ma realmente accaduti nonostante sembrino leggendari (il crollo del Tacoma Bridge, immortalato in un filmato facilmente reperibile in rete), ed altri infine leggendari anche se raccontati per veri, come le numerose storie sui soprani in grado di distruggere i bicchieri di cristallo.

Per capire il fenomeno della risonanza, consideriamo quello che accade nel caso di una massa m legata ad una molla di costante elastica k. Sappiamo che le equazioni del moto sono:

$$ma = -kx$$

dove a è l'accelerazione della massa e x è lo spostamento dal punto di equilibrio.

Sappiamo anche che in questa situazione la massa oscilla con frequenza $f_0 = \sqrt{k/m}/(2\pi)$. La legge oraria del moto, ovvero lo spostamento in funzione del tempo, si scrive nella forma

$$x(t) = A\cos(2\pi f_0 t + \phi)$$

dove A è l'ampiezza del moto, ovvero il massimo scostamento dalla posizione di equilibrio, e ϕ la fase.

Supponiamo adesso di scuotere la massa con una forza oscillante, quindi una forza del tipo

$$F(t) = F_o \cos(2\pi f t)$$

dove la frequenza f è in generale diversa da f_0. Questa forza va aggiunta all'equazione del moto che diventa

$$m\,a = -k\,x + F_0 \cos(2\pi f t)$$

Dopo un po' di assestamento, la massa comincerà ad oscillare alla stessa frequenza con la quale viene scossa, ovvero comincerà un moto descritto dall'equazione $x(t) = A\cos\big(2\pi f t + \phi_f\big)$. Sappiamo che in un moto armonico semplice l'accelerazione è proporzionale allo spostamento, ovvero $a(t) = -(2\pi f)^2 x(t)$ e quindi sostituendo si trova:

$$-(2\pi f)^2 m\,x(t) = -k\,x(t) + F_0 \cos(2\pi f t)$$

da cui infine:

$$x(t) = -\frac{F_0}{m(2\pi f)^2 - k} \cos(2\pi f t)$$

Questa equazione mostra che l'ampiezza del moto vale:

$$A = \frac{F_0}{m(2\pi f)^2 - k} = \frac{F_0}{m(2\pi)^2} \cdot \left(\frac{1}{f^2 - f_0^2}\right)$$

è interessante vedere che il denominatore si annulla per $f = f_0$: quindi in corrispondenza della frequenza di oscillazione naturale l'ampiezza del moto diventa infinita. Osserviamo comunque che in questa descrizione del fenomeno della risonanza abbiamo trascurato completamente le forze di attrito ed, in generale, tutte le possibili perdite di energia: se ne avessimo tenuto conto, l'ampiezza delle oscillazioni sarebbe diventata molto grande, ma non infinita.

3.3.1 Risonanza in un tubo aperto

Vediamo un esempio facile in cui il fenomeno della risonanza può essere messo in evidenza: per questo esperimento è stato adoperato un tubo lungo 32 cm con diametro di 4 cm. Ad una estremità è stato posto un altoparlante, al quale è stato inviato un segnale di frequenza crescente linearmente, ovvero quello che in inglese

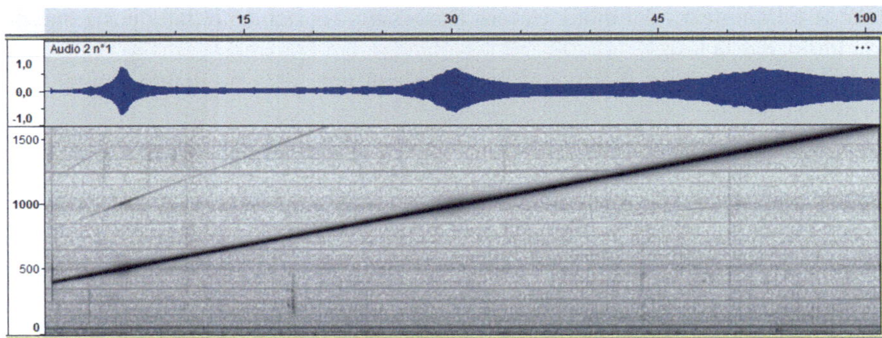

Figura 3.7 Segnale registrato all'interno del tubo, a pochi cm dall'altra imboccatura, quando viene inviato in esso un suono di frequenza variabile linearmente. La luna scura dello spettrogramma indica appunto la frequenza del suono, e si vede che la sua ampiezza raggiunge tre massimi in corrispondenza delle prime tre frequenze di risonanza

viene chiamato *sweep*, ma che su Audacity viene impropriamente tradotto *"stridìo"* (sarebbe più corretto forse *"glissando"*).

Il segnale di *sweep* si genera andando sotto `Genera -> Stridio`. È stato generato un segnale che parte da 400 Hz e raggiunge i 1600 Hz in 60 secondi, con un aumento costante di 20 Hz al secondo; l'ampiezza è stata fatta variare per evidenziare le risonanze a frequenza più alta; è stato infine aggiunto all'inizio un secondo di silenzio per evitare i possibili transienti che possono disturbare la misura.

All'orecchio il suono rinforzava chiaramente di intensità in corrispondenza di circa 5, 30 e 55 secondi, corrispondenti pressapoco a 500, 1000 e 1500 Hz. Per verificare meglio, è stato inserito all'interno del tubo un microfono, col quale è stato registrato il suono mentre veniva riprodotto dall'altoparlante: in figura 3.7 si vedono chiaramente tre aumenti di ampiezza, in corrispondenza di tre risonanze: nel capitolo dedicato agli strumenti a fiato vedremo che queste sono proprio tre delle frequenze prodotte dall'oscillazione dell'aria all'interno del tubo. Aumentando la frequenza fornita all'altoparlante, è possibile trovare molte altre risonanze, ma dopo un po' la situazione diventa complessa e difficile da analizzare con questo semplice metodo.

3.4 L'effetto Doppler

L'effetto Doppler è molto ben conosciuto: è l'incremento dell'altezza del suono, seguito da un decremento, che si percepisce quando un veicolo, meglio se dotato di sirena, ci passa accanto. Il motivo per cui si verifica l'effetto Doppler è spiegabile facilmente: infatti le onde emesse da un veicolo in moto non sono concentriche, visto che il punto di emissione si sposta di volta in volta (vedi fig. 3.8).

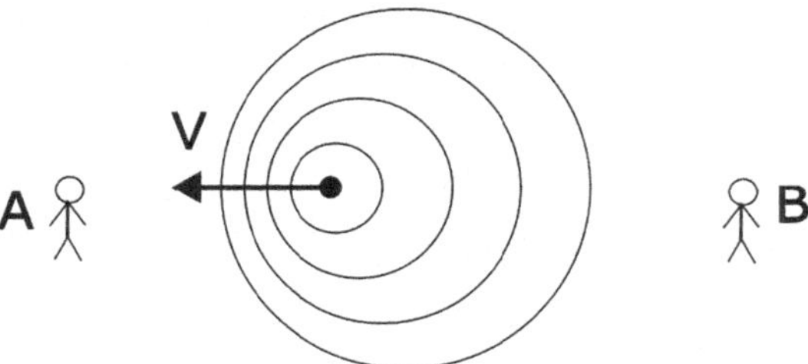

Figura 3.8 L'effetto Doppler: la sorgente sonora viaggia con velocità v per cui in un periodo T si è spostata di una quantità vT. I fronti d'onda nella direzione del moto si avvicinano pertanto della stessa quantità, mentre nel senso del moto si allontanano. L'ascoltatore indicato dalla lettera A sente un suono di frequenza maggiore, mentre l'ascoltatore B sente un suono di frequenza minore

Quindi i fronti d'onda si addensano nella direzione del moto, e si diradano in direzione opposta. Osserviamo ad esempio la figura: in un periodo T il fronte d'onda ha percorso una distanza $c_s \cdot T$ mentre il punto di emissione si è spostato di una quantità vT. Quindi la distanza tra due fronti d'onda, pari alla lunghezza d'onda nella direzione del moto, sarà $T \cdot (c_s - v)$. Visto che entrambi i fronti d'onda viaggiano alla velocità del suono, raggiungeranno l'osservatore A ad un intervallo di tempo

$$T' = T\frac{(c_s - v)}{c_s}$$

Se T è il periodo del suono emesso, T' sarà il periodo del suono percepito. Invertendo, la relazione tra la frequenza di emissione f_0 e quella percepita sarà:

$$f = \frac{c_s}{c_s - v_a} f_0 \tag{3.1}$$

Nel caso in cui la sorgente anziché avvicinarsi si allontana dall'ascoltatore (caso B), bisogna considerare v_a negativa. Nel caso più generale, in cui la sorgente non è diretta esattamente verso l'ascoltatore, bisogna considerare la sola componente di avvicinamento o allontanamento della velocità, ovvero, per chi ha dimestichezza con i vettori, la componente della velocità lungo la retta che congiunge la sorgente con l'ascoltatore: $v_a = v \cdot \cos\theta$, dove θ è l'angolo formato tra queste due direzioni. Se la velocità della sorgente è piccola rispetto alla velocità del suono, si adopera la formula approssimata:

$$\Delta f = \frac{v_a}{c_s} f_0 \Longrightarrow f = f_0 + \frac{v_a}{c_s} \tag{3.2}$$

dove Δf è l'incremento della frequenza f_0, positivo per v in avvicinamento e negativo per v in allontanamento.

3.4.1 Una verifica semi-quantitativa dell'effetto Doppler

Il metodo suggerito per una verifica della formula dell'effetto Doppler è molto rozzo, ma ha il vantaggio di fare a meno della misura diretta della velocità v.

Come sorgente sonora, si adopera uno smartphone equipaggiato con una *app* in grado di produrre un suono continuo: ne esistono diverse, che cambiano spesso nome e che è possibile trovare ricercando il termine *"signal generator"* o equivalente.

Si avvia quindi l'applicazione, generando un suono di frequenza abbastanza alta: questo per due motivi: innanzitutto con una frequenza alta l'effetto di incremento o diminuzione della frequenza è maggiore, e quindi meglio misurabile; in secondo luogo i rumori ambientali che si possono captare durante l'esperimento solitamente sono di bassa frequenza e quindi non interferiscono col risultato. Per l'esempio, è stato adoperata una frequenza di 5000 Hz.

A questo punto, avviata la registrazione ed avviato il suono sullo smartphone, ci si piazza esattamente davanti al microfono e si comincia a roteare il braccio velocemente, cercando ovviamente di fare molta attenzione, evitando di urtare gli oggetti intorno, in particolare il microfono, e soprattutto tenendo saldamente lo smartphone tra le mani per evitargli una caduta rovinosa! La rotazione deve essere effettuata nel piano del microfono, il più vicino possibile a questo, in modo da ottenere un suono pulito. La figura 3.9 mostra la configurazione geometrica dell'esperimento.

Quando lo smartphone si trova nel punto A la velocità è diretta esattamente verso il microfono, e la frequenza ricevuta è massima; al contrario, quando si trova nel punto B la velocità è diretta in verso opposto, e la frequenza percepita è minima. Nel tratto tra A e B la frequenza diminuisce, mentre nel tratto tra B ed A aumenta: visto che questo secondo arco di circonferenza è più lungo, la diminuzione della frequenza avverrà più rapidamente del successivo aumento.

Una volta effettuato l'esperimento, si passa ad esaminare il risultato. Per questo, bisogna cliccare nel menu della traccia, e successivamente scegliere "visualizza spettro". Inoltre conviene andare nel menù impostazioni spettrogramma e selezionare la frequenza minima e quella massima in modo da inquadrare quella a cui siamo interessati: ad esempio, nel nostro caso, 4800 e 5200 Hz.

La figura 3.10 mostra lo spettrogramma: si vede chiaramente il momento in cui la sorgente passa vicino al microfono, e la frequenza diminuisce rapidamente da

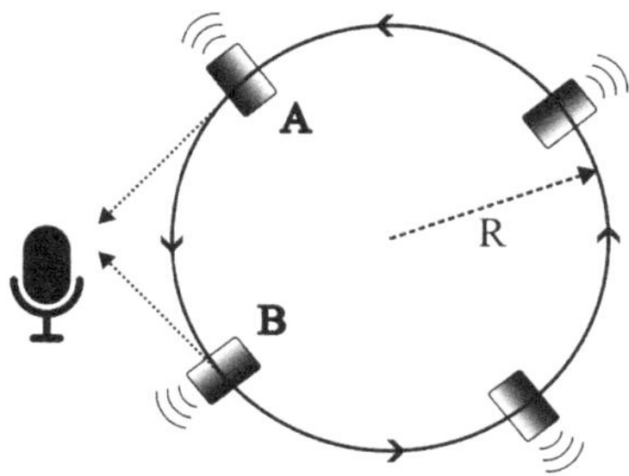

Figura 3.9 Schema della configurazione geometrica dell'esperimento. La circonferenza viene descritta ruotando il braccio

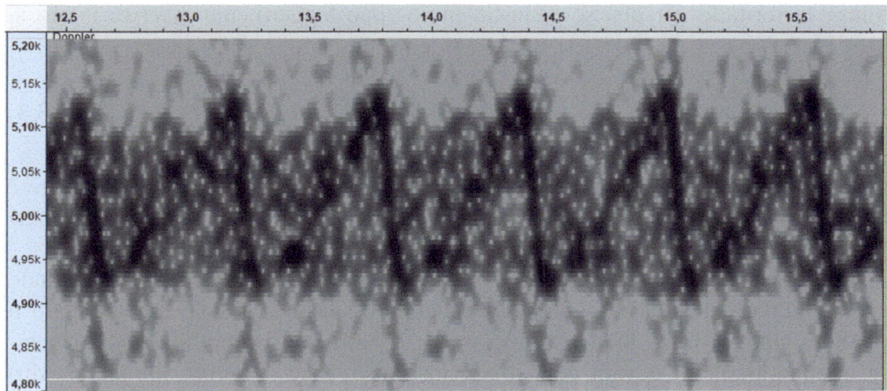

Figura 3.10 Spettrogramma del suono ottenuto roteando una sorgente sonora davanti al microfono. Viene visualizzata solamente la zona di frequenze tra 4800 e 5200 Hz. Per ottenere questa figura, è stato necessario regolare le preferenze dello spettrogramma (menù della traccia) in modo da massimizzare il contrasto. Vengono mostrati cinque giri completi. Il tempo impiegato per un giro può essere misurato selezionando un ciclo e leggendo la lunghezza della selezione. La frequenza massima registrata è circa 5120 Hz, mentre la minima è circa 4900 Hz

un massimo, quando il microfono si avvicina, ad un minimo, quando si allontana: la linea scura a forma di *S* rovesciata corrisponde al tratto da A a B in figura 3.9. Purtroppo, a causa del suono riflesso dalle pareti, il tratto di circonferenza più lontano dal microfono non si distingue chiaramente nello spettrogramma. Avendone la possibilità, è preferibile effettuare questo esperimento all'aperto, in modo da minimizzare le riflessioni. Per stimare la velocità, si può procedere nel modo seguente: innanzitutto si misura il raggio della circonferenza, misurando la lunghezza del braccio tra la spalla e l'altoparlante dello smartphone, nel caso in questione circa 68 cm; successivamente si misura, sullo spettrogramma, il tempo necessario per eseguire un giro, pari alla distanza tra due massimi in frequenza: nel nostro caso, circa 60 millisecondi. Pertanto la velocità della sorgente sarà di circa 7 m/s.

Quindi ci aspettiamo, adoperando la formula 3.2, che la frequenza vari tra un massimo, nel punto A, di

$$f_{max} = f_0 + \frac{v}{c_s} f_0 = 5000 + \frac{7}{340} \cdot 5000 \approx 5100\,\text{Hz}$$

ed un minimo, nel punto *B*, di:

$$f_{max} = f_0 - \frac{v}{c_s} f_0 = 5000 - \frac{7}{340} \cdot 5000 = 4900\,\text{Hz}$$

che corrispondono approssimativamente con le posizioni dei massimi e dei minimi in frequenza leggibili sullo spettrogramma.

Lo stesso esperimento si può eseguire scambiando il ruolo della sorgente e del ricevitore (quindi lasciando lo smartphone in quiete mentre si fa ruotare il microfono): le formule per una sorgente in moto sono leggermente diverse: infatti si ha:

$$f = f_0 \frac{c_s + v_r}{c_s} \tag{3.3}$$

dove stavolta v_r è la velocità del rivelatore rispetto all'aria, mentre la sorgente è ferma. La formula $\Delta f = \frac{v_r}{c_s} f_0$ (che stavolta è esatta e non approssimata) rimane sempre valida, con la velocità del ricevitore al posto di quella della sorgente.

Una versione più elaborata dell'esperimento può essere effettuata adoperando una ruota da bicicletta con un cicalino incollato sul bordo, ma a mio giudizio il risultato non giustifica lo sforzo necessario di costruire il tutto: alla fine, la scarsa risoluzione nella misura della frequenza costituisce il fattore limitante. Altri esperimenti interessanti si trovano in [19–21].

3.5 I battimenti

Il fenomeno dei battimenti si produce quando sono presenti due toni puri con ampiezze simili e frequenze leggermente diverse tra di loro. Viene frequentemente adoperato come metodo rapido per controllare l'accordatura di due strumenti.

Vediamo come funziona: supponiamo innanzitutto di avere due toni puri, di eguale ampiezza ma di frequenza leggermente differente, f_1 ed f_2. Sommando i due toni si ottiene un unico suono, di ampiezza

$$x(t) = A \sin(2\pi f_1 t) + A \sin(2\pi f_2 t)$$

che, adoperando le formule di prostaferesi, diventa:

$$x(t) = 2A \sin\left(2\pi \frac{f_1 + f_2}{2} t\right) \cos\left(2\pi \frac{f_1 - f_2}{2} t\right)$$

Ricordiamo che la differenza tra f_1 ed f_2 è piccola rispetto alla media $f_m = \frac{f_1+f_2}{2}$: quindi il termine col coseno varia molto lentamente, e il termine con il seno esegue molte più oscillazioni nello stesso tempo. Pertanto possiamo pensare a questa espressione come ad un tono puro di frequenza f_m la cui ampiezza pulsa (si dice che è modulata) con frequenza $\frac{f_1-f_2}{2}$. L'intensità del segnale, tuttavia, raggiunge un massimo sia quando il termine modulante vale 1 che quando vale -1: pertanto l'ampiezza del suono risultante oscilla ad una frequenza doppia, ovvero $f_b = f_1 - f_2$. Se le due ampiezze non sono esattamente uguali, allora l'ampiezza della modulazione, ovvero la differenza tra il minimo ed il massimo dell'intensità, si riduce.

3.5.1 Ascoltare i battimenti

Osservare il fenomeno dei battimenti è molto semplice: ad esempio, basta scordare leggermente la corda di una chitarra, ed adoperare quella corda ed una corda adiacente per suonare la stessa nota contemporaneamente: si ottengono risultati come quello di figura 3.11

Un modo alternativo, di esecuzione leggermente più difficile, consiste nel prendere un diapason, e scordarlo leggermente appesantendone uno dei rebbi: bisogna che la massa aggiuntiva sia fissata al diapason molto solidamente, altrimenti risulterebbe una dissipazione eccessiva del suono: io adoperavo un anellino di rame fissato al rebbo da una vite. Una volta effettuata questa operazione, il diapason viene messo in moto assieme ad un altro non scordato: se le cose sono fatte bene, i battimenti sono chiaramente percepibili. Questi metodi hanno il vantaggio di ricondurre i battimenti ad un fenomeno fisico prodotto in situazioni presenti nella vita reale: hanno però lo svantaggio di rendere poco controllabile il fenomeno. Un modo per effettuare una verifica quantitativa è quello di adoperare come sorgenti sonore indipendenti i due altoparlanti di un computer: possiamo adoperare anche stavolta Audacity per il nostro esperimento.

Dapprima si generano due tracce mono, contenenti un tono puro, di frequenza fissa: io ad esempio ho adoperato 1000 Hz. Sulla seconda traccia si genera un segnale di frequenza leggermente diversa, ad esempio 1001 Hz. Successivamente si combinano le due tracce in una traccia stereo: questo è un passaggio importante, perché in questo modo ciascuno degli altoparlanti riproduce un suono puro: se invece le due tracce rimanessero mono, allora il segnale inviato ai due altoparlanti sarebbe lo stesso, miscelato, ed i battimenti sarebbero prodotti non dall'interazione tra i due altoparlanti, ma dal mixer interno del computer. A questo punto si riproduce la traccia: si ascolta immediatamente un tono puro, con ampiezza che varia una

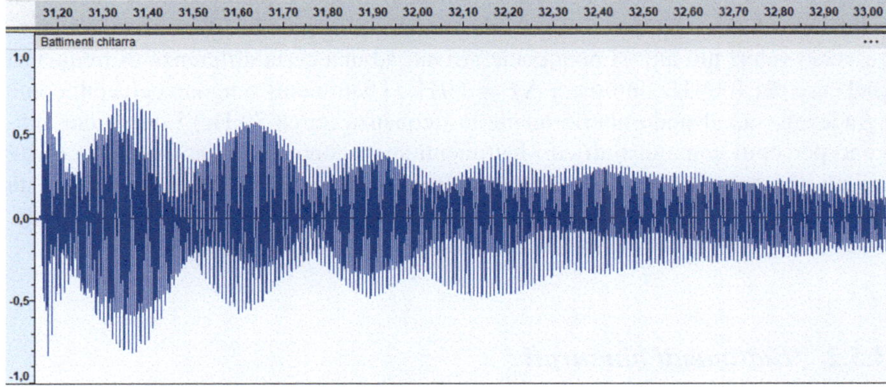

Figura 3.11 Battimenti ottenuti suonando contemporaneamente il La2 (111 Hz) con la quinta e sesta corda della chitarra contemporaneamente: la sesta corda è stata leggermente scordata per provocare i battimenti

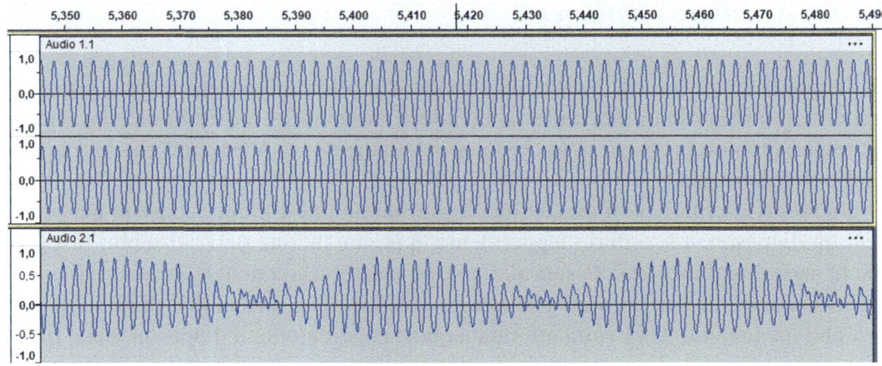

Figura 3.12 In questa immagine viene mostrata una traccia stereo contenente due toni puri di frequenza 440 e 460 Hz (le frequenze sono state scelte per migliorare la visibilità della figura) ed una traccia mono che corrisponde al suono registrato dal microfono quando le due tracce vengono eseguite. I massimi di intensità si trovano ad una distanza di circa 50 millisecondi di distanza, corrispondenti ad una frequenza di 20 Hz

volta al secondo. In figura 3.12 si vede il risultato ottenuto: le frequenze stavolta sono state scelte cercando di migliorare il risultato visivo piuttosto che quello auditivo. A partire da questo punto è possibile effettuare diverse verifiche: intanto, si può intervenire sul canale di bilanciamento, verificando che spostando il suono su uno o l'altro degli altoparlanti il battimento sparisce (questo è un controllo che indica che le cose sono state fatte bene: ricordarsi di disattivare gli effetti spaziali sulla scheda audio!). Si può inoltre verificare che la frequenza delle pulsazioni non dipende dalla frequenza del tono originale ma solo dalla differenza: ad esempio adoperando 440 e 441 Hz le pulsazioni mantengono la stessa durata. Si può inoltre verificare che aumentando la differenza in frequenza, ad esempio raddoppiandola, le pulsazioni diventano più rapide (la loro durata si dimezza) mentre diminuendola le pulsazioni rallentano. A questo punto ci si può avventurare spingendo la differenza di frequenza verso valori più alti: si nota come arrivati ad una certa differenza di frequenza (nel caso dei 1000 Hz, intorno a $\Delta f = 50\,\text{Hz}$) i battimenti vengono percepiti come sgradevoli, ma alzando ulteriormente la frequenza (circa 70 Hz) i due suoni vengono percepiti come distinti ed i battimenti spariscono: date due frequenze esiste quindi una banda critica tale che se la loro differenza ricade all'interno di questa banda, allora il loro ascolto contemporaneo risulta fastidioso, o meglio dissonante. Questo fenomeno è alla base del concetto di *consonanza* e *dissonanza*.

3.5.2 Battimenti binaurali

I battimenti veri e propri si ottengono sovrapponendo fisicamente due onde sonore distinte nella stessa regione di spazio. Sorprendentemente, tuttavia, i battimenti sono percepibili anche quando i due suoni vengono inviati indipendentemente ai due orecchi, senza che avvenga un mescolamento fisico: si parla in questo caso di battimenti binaurali, un fenomeno percettivo che avviene a livello del nostro sistema nervoso, che collega e mescola le sensazioni ricevute separatamente dai due orecchi.

I battimenti binaurali possono essere percepiti molto facilmente con lo stesso metodo dell'esperienza precedente, ma adoperando una cuffietta da telefonino invece di un paio di altoparlanti: se le cose sono fatte bene, allora ascoltando separatamente da un orecchio o dall'altro si dovrebbe percepire un tono puro, senza battimenti, mentre con entrambe le cuffie appaiono i battimenti. Il fenomeno produce i migliori risultati per frequenze inferiori a 1 kHz differenti meno di 50 Hz.

3.5.3 Le basi fisiche delle leggi dell'armonia

Torniamo un momento ai suoni periodici, con spettro armonico, e rivediamoli alla luce di quanto visto. Supponiamo che la frequenza della fondamentale corrisponda ad una nota, ad esempio un Do di una certa ottava: allora la seconda armonica, con frequenza doppia, corrisponderà al Do dell'ottava superiore. La terza armonica, con frequenza tripla della fondamentale, avrà frequenza $3/2$ volte quella della seconda armonica, e quindi corrisponderà al Sol dell'ottava superiore. La quarta armonica è nuovamente un Do, due ottave più in alto della fondamentale. La quinta armonica ha una frequenza $5/4$ quella della quarta armonica: corrisponderà (secondo la scala naturale) ad un Mi due ottave sopra la frequenza della fondamentale. La sesta armonica invece ha una frequenza doppia della terza, e quindi sarà nuovamente un Sol. La settima armonica, infine, è la prima a non corrispondere a nessuna nota, ma generalmente è molto debole e a volte (come nei pianoforti) eliminata di proposito. Quindi in uno spettro armonico le prime frequenze corrispondono a note della scala musicale.

Si consideri invece un Do di frequenza f_{Do} ed un Sol di frequenza $f_{Sol} = \frac{3}{2} f_{Do}$, quindi ad un intervallo di quinta perfetta: la terza armonica del Do coinciderà con la seconda armonica del Sol, e così la sesta del Do coinciderà con la quarta del Sol. Le altre armoniche del Sol saranno equispaziate tra le armoniche del Do. Quando le due note vengono suonate contemporaneamente, le varie armoniche si trovano tra di loro abbastanza vicine, o abbastanza distanti da trovarsi al di fuori della banda critica. Lo stesso non accade suonando assieme, ad esempio, un Si ed un Do della stessa ottava, o due note a distanza di un semitono: in questi casi le armoniche si trovano all'interno della banda critica e risultano dissonanti. Questo fenomeno, messo in luce dalla fisica col supporto della psicologia, spiega le basi dell'armonia occidentale. Si veda in proposito il libro di Andrea Frova *Armonia celeste e dodecafonia* [22], di cui però condivido solo parzialmente le conclusioni. Per altri esperimenti, è possibile guardare [23, 24].

3.6 Interferenza tra due sorgenti

Il fenomeno dell'interferenza si produce quando il suono prodotto da due sorgenti coerenti, ovvero con la stessa identica frequenza, giunge nello stesso punto dello spazio: allora se i due suoni sono in fase, ovvero se i massimi dell'uno corrispondono ai massimi dell'altro, le ampiezze si sommano: si parla in questi casi di interferenza costruttiva. Se invece i suoni sono in opposizione di fase, ovvero se i massimi dell'uno corrispondono con i minimi dell'altro, allora le ampiezze si sottraggono, e se le ampiezze sono uguali possono arrivare addirittura ad annullarsi: questa è detta interferenza distruttiva. Quindi nella stessa regione di spazio si passa da punti in cui il suono è molto intenso a zone in cui invece è molto debole, anche a pochi cm di distanza.

Per una descrizione matematica semplificata, consideriamo due oscillazioni della stessa frequenza:

$$\begin{aligned} p_1(t) &= A_1 \cos(2\pi f t + \phi_1) \\ p_2(t) &= A_2 \cos(2\pi f t + \phi_2) \end{aligned}$$

La fase ϕ determina gli in cui le oscillazioni raggiungono il massimo: è quindi una quantità che varia in ogni punto dello spazio, ma che rimane costante su ogni fronte d'onda.

Sommando le due onde si ha:

$$p(t) = p_1 + p_2 = (A_1 \cos(2\pi f t + \phi_1) + A_2 \cos(2\pi f t + \phi_1))$$

L'intensità dell'onda è però proporzionale al quadrato della pressione, mediato sul tempo:

$$\begin{aligned} I \propto \overline{p^2} &= \overline{(p_1 + p_2)^2} = \overline{p_1^2} + \overline{p_2^2} + \overline{p_1 p_2} \\ &= \frac{A_1^2}{2} + \frac{A_2^2}{2} + A_1 A_2 \overline{\cos(2\pi f t + \phi_1) \cos(2\pi f t + \phi_2)} \end{aligned}$$

Per calcolare il secondo termine, utilizziamo le formule per il prodotto dei coseni:

$$\cos\alpha \cos\beta = \frac{1}{2}(\cos(\alpha + \beta) + \cos(\alpha - \beta))$$

da cui:

$$\begin{aligned} &\overline{\cos(2\pi f t + \phi_1) \cos(2\pi f t + \phi_2)} = \\ &= \frac{1}{2}\left(\overline{\cos(4\pi f t + \phi_1 + \phi_2)} + \overline{\cos(\phi_1 - \phi_2)}\right) = \frac{1}{2} \cos \Delta\phi \end{aligned}$$

dove $\Delta\phi$ è la differenza di fase.

Quindi le intensità hanno l'andamento del tipo

$$I = I_1 + I_2 + \sqrt{I_1 I_2} \cos \Delta\phi$$

Se la differenza di fase è uguale a π (ovvero 180°), o ad un multiplo dispari di π, si ha un minimo dell'intensità, altrimenti si ha un massimo per differenze di fase pari a 0, a 2π, o in generale multipli interi di 2π. Un'onda accumula una fase di π quando ci si sposta di mezza lunghezza d'onda lungo la direzione del suo moto: per questo, tipicamente la distanza tra due zone di interferenza costruttiva è pari ad una lunghezza d'onda, mentre la distanza tra una zone di interferenza distruttiva ad una di interferenza costruttiva è dell'ordine di mezza lunghezza d'onda. Perché si possa verificare il fenomeno dell'interferenza, la distanza tra le sorgenti deve essere maggiore della lunghezza d'onda del suono.

Verifica del fenomeno dell'interferenza

Anche qui, esistono diversi metodi di verificare l'interferenza: il metodo più semplice è quello di inviare ad una coppia di altoparlanti la stessa identica frequenza: muovendosi nel campo sonoro generato da questa si nota che il suono cambia intensità. Adoperando una frequenza di un migliaio di Hz, che ha una lunghezza d'onda di circa 34 cm, gli altoparlanti vanno posti ad una distanza leggermente maggiore (circa mezzo metro) e gli effetti dell'interferenza si possono osservare su distanze di circa 17 cm: quindi ad esempio l'orecchio destro e quello sinistro possono chiaramente percepire due intensità diverse.

Un metodo alternativo è quello di osservare gli effetti della sovrapposizione di due suoni con fase opposta. Questo esperimento va effettuato con una certa cura, altrimenti rischia di non riuscire. Bisogna procurarsi dapprima una coppia di altoparlanti stereo. Gli altoparlanti vanno disposti appaiati uno a fianco dell'altro, e davanti, tra i due, va posto il microfono. A questo punto con Audacity vengono generate due tracce, separatamente, contenenti due sinusoidi della stessa frequenza: la lunghezza d'onda del tono puro deve essere preferibilmente maggiore del doppio della distanza tra gli altoparlanti, in modo da evitare interferenze distruttive alla sorgente. Le due tracce vanno inviate separatamente agli altoparlanti destro e sinistro: per questo può essere adoperato il cursore di bilanciamento che si trova all'inizio di ogni traccia. Come prima verifica, si controlla che i due altoparlanti producano un suono di intensità il più possibile uguale in corrispondenza del punto in cui si trova il microfono. Ci si può aiutare confrontando il suono registrato dal microfono quando una sola delle due tracce è attiva, e regolando il bilanciamento della scheda audio oppure intervenendo direttamente sul volume delle tracce. Successivamente si seleziona una parte di una delle due tracce, e si inverte (andando nel menù `Effetti` sotto la voce `Speciale -> Inverti -> Invert`): questo vuol dire che la traccia è stata cambiata di segno! A questo punto le due tracce vengono riprodotte contemporaneamente: si osserverà che finché le due tracce rimangono in fase il segnale risulterà di intensità maggiore di quello prodotto da un singolo altoparlante, e diminuirà bruscamente non appena le due tracce risulteranno invertite, come si

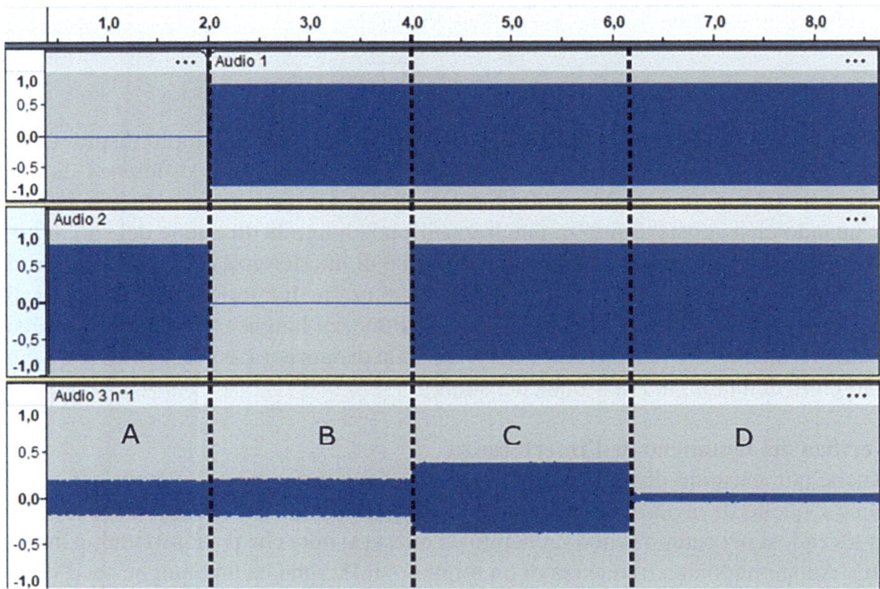

Figura 3.13 Esperimento sull'interferenza. La prima traccia è inviata al canale sinistro e la seconda al canale destro; la terza traccia è quella registrata da microfono. Nel tratto tra A è solamente l'altoparlante destro a produrre un suono (sinusoide a 440 Hz), mentre nel tratto B solamente il sinistro: questo serve a verificare che gli altoparlanti abbiano la stessa efficienza. Nel tratto C entrambi gli altoparlanti generano lo stesso suono in fase e l'ampiezza aumenta. Nel tratto D il canale destro viene invertito di segno, ovvero la sua fase viene modificata di π: da questo istante in poi, si vede che il suono risultante è molto debole, anche se toccando con la mano entrambi gli altoparlanti si nota che questo continuano a vibrare come prima

vede in figura 3.13. Questo schema si può modificare ulteriormente: ad esempio è possibile posizionare i due altoparlanti sfalsati di mezza lunghezza d'onda rispetto al microfono, in modo che le interferenze costruttive e distruttive vengano invertite; oppure è possibile studiare quantitativamente l'ampiezza del suono in funzione della distanza tra i due altoparlanti.

3.7 Il riverbero

All'interno di un ambiente chiuso, il suono prodotto da una sorgente raggiunge l'ascoltatore non solamente per via diretta, ma anche dopo riflessioni sulle pareti e sui pavimenti. Il suono diretto ha tipicamente una intensità maggiore, e arriva prima del suono riflesso. Il perdurare del suono nell'ambiente è un fenomeno comunemente conosciuto col nome di riverbero.

Per capire il meccanismo, possiamo adoperare un semplice modellino: consideriamo un ambiente chiuso, con pareti che riflettono il suono assorbendone però una parte. Se in ogni riflessione l'intensità del suono viene ridotta di un fattore $x < 1$, allora dopo N riflessioni l'intensità risulterà diminuita di un fattore x^N.

Se il tempo tra due riflessioni consecutive è in media ΔT, allora l'intensità all'istante t sarà:

$$I = I_0 x^{-t/\Delta t} = I_0 e^{-t/\tau}$$

che quindi segue un decadimento esponenziale, con un tempo caratteristico $\tau = -\log(x) \cdot \Delta T$ che dipende dalla forma della stanza (il tempo ΔT è circa L/c_S, dove L è una dimensione caratteristica della stanza) e dai materiali da cui è rivestita (che influenzano x).

Ovviamente la realtà di un ambiente è decisamente più complicata di questo modello semplificato: tuttavia l'andamento esponenziale decrescente riflette bene il comportamento del suono riverberato, a meno che la forma della stanza non risulti strana (molto allungata, ad esempio) o che i materiali che la rivestano non risultino particolarmente disomogenei.

Il tempo impiegato dal suono per decrescere di intensità di 60dB (pari ad un fattore 1000 in ampiezza, ovvero 1 000 000 in intensità) è detto tempo di di riverberazione, e verrà indicato con T_{60}.

Il tempo di riverberazione è il parametro più importante per determinare la qualità di un ambiente sonoro.

Solitamente gli ambienti destinati al parlato richiedono tempi di riverberazione brevi, minori di un secondo, mentre la musica richiede tempi più lunghi, dell'ordine dei due secondi. L'opera richiede tempi intermedi, mentre nelle chiese spesso si misurano tempi molto lunghi, tra 2 e 4 secondi. Una stanza di medie dimensioni ha un tempo di riverbero intorno a 0.3, 0.4 s, un'aula universitaria invece dell'ordine del secondo, una chiesa addirittura diversi secondi (vedi figura 3.14).

Il tempo di riverberazione e i metodi per misurarlo sono oggetto di standard ISO e sono descritti nella nota UNI EN ISO 3382: qui si propone una versione semplificata ma comunque sufficientemente accurata.

Si tratta di saturare l'ambiente oggetto di misura con un suono a larga banda, ovvero che contenga molte frequenze di ampiezza simile (rumore bianco), interrompendo improvvisamente la sorgente e misurando come decade il suono.

Per effettuare questo tipo di misura si può adoperare Audacity: si crea una traccia contenente qualche secondo di silenzio, e successivamente qualche decina di secondi di rumore bianco; successivamente si avvia la registrazione su una nuova traccia. Conviene adoperare un solo altoparlante amplificato di buona potenza, per evitare fenomeni di interferenza tra i due altoparlanti. Questo può essere ottenuto creando una traccia stereo contenente il rumore bianco in uno solo dei due canali, oppure sfruttando il bilanciamento nel mixer del computer o tramite la manopola dell'amplificatore. In condizioni ideali il microfono e l'altoparlante non devono essere troppo vicini tra di loro, e nemmeno troppo vicini agli angoli della stanza o alle pareti. Se l'ambiente di cui si vuole stimare il tempo di decadimento è una stanza per conferenze o comunque per una attività rivolta ad un pubblico, l'altoparlante

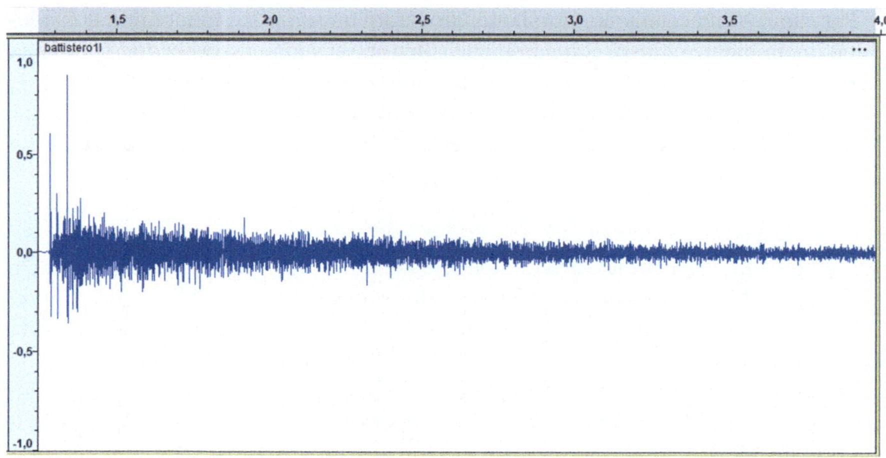

Figura 3.14 Scoppio di un palloncino all'interno del Battistero di Pisa, senza visitatori. Si notano le prime riflessioni, che dopo un po' diminuiscono di ampiezza. Il Battistero di Pisa è famoso per il suo lunghissimo riverbero, addirittura 6 secondi

dovrebbe stare al posto dell'oratore ed il microfono tra il pubblico: si tenga presente che il tempo di riverbero può variare apprezzabilmente cambiando la posizione del microfono. L'altoparlante ed il microfono dovrebbero inoltre avere una risposta il più possibile uniforme in frequenza, ed il più possibile omnidirezionale. L'altoparlante va avviato al massimo livello possibile senza distorsioni, ed il volume di registrazione va regolato in modo tale da non far saturare il microfono: in questo modo gli eventuali rumori non influenzeranno la misura.

In figura 3.15 è mostrato il risultato di misura in una stanza arredata di dimensioni $2,50 \times 6,60\,\mathrm{m}^2$ e di altezza circa 3 m, arredata: come si vede, il suono non si

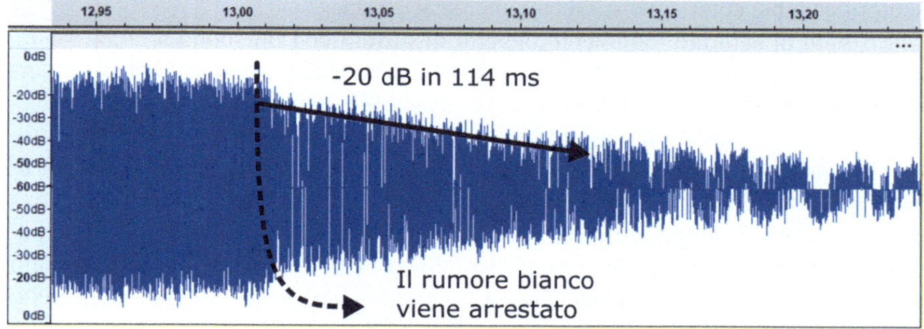

Figura 3.15 Smorzamento del suono: come si vede, l'andamento esponenziale è rispettato con buona approssimazione (la scala verticale è logaritmica). Dopo aver spento la sorgente, l'intensità diminuisce di circa 20 dB nel giro di 114 msec. Successivamente rimane presente del rumore di fondo che disturba la misura

interrompe bruscamente, ma diminuisce in modo esponenziale. In verticale è stata scelta una scala logaritmica, in dB: si vede che l'intensità del suono passa da circa -20 dB a -40 dB (il valore di 0 dB corrisponde all'ampiezza massima accettata in ingresso dalla scheda audio) in circa 114 ms. Estrapolando, si ottiene che il valore perché il suono diminuisca di 60 dB è di circa 0.34 s: questo è il tempo di riverbero stimato. Si vede che c'è una certa arbitrarietà nella scelta degli istanti di partenza e di arrivo, ed inoltre solamente 20 dB di diminuzione sono troppo pochi per una estrapolazione fino a 60 dB: questo motivo, unito all'inadeguatezza della strumentazione, rendono questa stima poco affidabile, anche se estremamente realistica: infatti una stima del valore atteso può essere ottenuta tramite la cosiddetta formula di Sabine

$$T_{60} = 0.16 \cdot \frac{V}{\alpha S}$$

dove V è il volume della stanza, S la superficie delle pareti, del soffitto e del pavimento, e α un coefficiente minore di 1 che costituisce l'assorbimento medio delle pareti. Nel caso esaminato, la formula darebbe il valore osservato per $\alpha = 0.26$, un valore assolutamente ragionevole per una stanza priva di materiali assorbenti come quella in esame.

Capitolo 4
La voce umana

La voce umana è lo strumento musicale per eccellenza, quello sulle cui caratteristiche gli altri strumenti sono modellati. Per comprenderne le particolarità, cominciamo ad esaminare le proprietà delle vocali. Le vocali sono ottenute modellando lo spettro del suono prodotto dalle corde vocali: per capirne il significato bisogna studiare un po' in dettaglio l'apparato fonatorio.

4.1 Le corde vocali

Le corde vocali sono due pieghe poste di traverso alla trachea: quando sono messe in tensione ostacolano il flusso dell'aria dai polmoni. Aumentando la pressione, l'aria è in grado di scostarle, causandone l'apertura, e generando uno sbuffo d'aria. La fuoriuscita dell'aria determina un calo di pressione, e le corde vocali si richiudono, grazie anche alla forza di Bernoulli, finché un nuovo aumento di pressione produce un nuovo sbuffo. Il meccanismo è chiaramente periodico: quindi sappiamo già che il suono prodotto ha uno spettro armonico. La frequenza fondamentale è solitamente indicata dal simbolo F_0 e dipende dallo spessore delle corde vocali e dalla tensione cui sono sottoposte: tipicamente, per la voce parlata senza sforzo la frequenza fondamentale per gli uomini adulti è nel range 100–200 Hz, mentre per le donne circa 200–300. L'andamento della pressione in funzione del tempo ha un andamento impulsivo: un suono di questo tipo ha uno spettro estremamente ricco di armoniche, fino a qualche migliaio di hertz. L'ampiezza delle armoniche del suono prodotto direttamente dalle corde vocali diminuisce approssimativamente come l'inverso del quadrato della frequenza.

Il suono prodotto dalle corde vocali passa a questo punto attraverso la cavità faringea, la cavità orale, e la cavità nasale: in questo passaggio, lo spettro del suono prodotto dalle corde vocali viene modificato: le armoniche che corrispondono alle frequenza di risonanze del condotto fonatorio vengono esaltate, mentre quelle intermedie vengono attenuate o addirittura soppresse. Le frequenze di risonanza più

I. Ferrante, *La Fisica del Suono e della Musica*,
https://doi.org/10.1007/978-3-031-86344-8_4

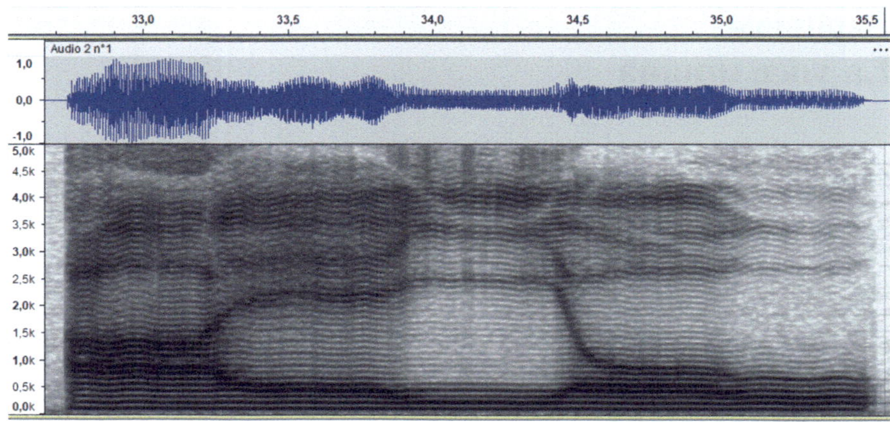

Figura 4.1 Le vocali *aeiou* pronunciate da chi scrive. Si nota che la frequenza fondamentale F_0 rimane pressoché costante, mentre le formanti, individuate dalle bande scure, cambiano drasticamente nel passaggio da una all'altra vocale.

basse del tratto vocale sono dette formanti e vengono indicate, dalla più bassa alla più alta, con un indice numerico F_1, F_2, F_3 etc.

Sono proprio le formanti, ed in particolare le due più basse, che permettono di riconoscere le vocali. Si veda ad esempio figura 4.1: si tratta della forma d'onda e dello spettrogramma delle cinque vocali pronunciate da chi scrive: si può seguire benissimo l'andamento delle diverse formanti al modificarsi della forma della cavità orale: la prima formante passa da circa 800 Hz per la *a* a circa 600 Hz per la *e*, e scende ulteriormente a circa 350 Hz per la *i*, per poi risalire intorno ai 500 Hz per la *o* ed infine scendere a circa 300 per la *u*.

La seconda formante compie delle escursioni ancora più grandi: è sui 1200 Hz per la *a*, 2000 Hz per la *e* 2400 per la *i*, per poi scendere a 700 e 500 Hz per la *o* e per la *u*. Sono formanti così basse a conferire un colore cupo alla *o* ed alla *u*, mentre il timbro chiaro della *i* è dovuta all'alto valore della seconda formante. Anche la terza contribuisce ad identificare le vocali, ma il range di variabilità è inferiore. Il valore delle formanti dipende dalla conformazione variabile del tratto vocale, ma anche dalla velocità del suono: è per questo motivo che, come è ben noto, inalando elio (che ha una massa molecolare media molto inferiore a quella dell'aria) la voce si deforma e diventa come quella di Paperino. Alcuni esperimenti sono descritti in [25].

4.2 Consonanti

La struttura delle consonanti è molto varia, e per questo motivo per una loro classificazione rimandiamo ad un testo di fonetica: però può essere divertente verificare con l'aiuto dello spettrogramma la differenza tra consonanti sorde (*t*, *k*, *p*) e consonanti sonore (*d*, *gh*, *b*): stavolta ho analizzato le sillabe *pa* e *ba*.

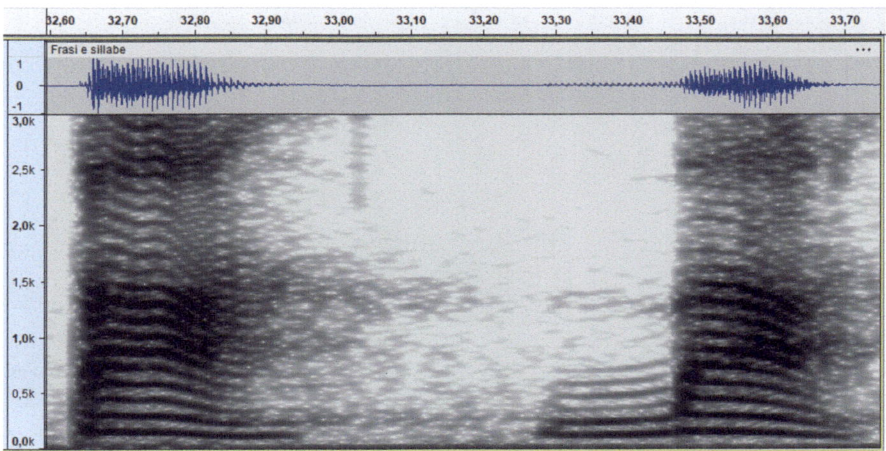

Figura 4.2 Esempio della differenza tra la consonante sorda *p* e la consonante sonora *b*: nella parte sinistra si vede lo spettrogramma della sillaba *pa*, mentre nella parte destra quello della sillaba *ba*: si nota come durante la pronuncia della *b* intervengono le corde vocali (linee orizzontali scure)

Osservando lo spettrogramma si riconosce la vocale *a* che corrisponde ad una banda scura verticale divisa in una serie di armoniche. Si nota come nella sillaba *pa* il suono della vocale inizi bruscamente, mentre nella sillaba *ba* è preceduta dalla vibrazione delle corde vocali (bande orizzontali) che caratterizzano la pronuncia delle consonanti sonore.

4.3 La voce cantata

Nel canto occidentale classico (cioè, nel tipo di canto in uso prima dell'introduzione del microfono, ovvero il canto tipico dell'opera lirica, del lied, della canzone italiana classica, della zarzuela spagnola, etc) il cantante deve riuscire a farsi udire superando in intensità l'orchestra, compito apparentemente difficile soprattutto nelle opera wagneriane o negli enormi teatri moderni come il Metropolitan o l'opera di Sidney. Eppure chi è stato a teatro sa che si riesce benissimo a distinguere il suono della voce da quello dell'orchestra, anche se spesso è arduo distinguere tra loro le vocali e le consonanti rimangono inudibili. Questo effetto è ottenuto dai cantanti maschi disponendo gli organi vocali, ed in particolare la laringe, in modo tale da generare una nuova formante, a frequenza più alta, intorno ai 3000 Hz, in una zona di frequenza in cui l'orchestra risulta poco presente mentre l'orecchio risulta particolarmente sensibile: si veda figura 4.3, ad esempio. Per ottenere questa nuova formante, le formanti vocaliche devono necessariamente subire dei cambiamenti (si dice in gergo che bisogna *chiudere* le vocali, o anche *coprire* il suono) che possono portare ad una pronuncia deformata, a volte incomprensibile. In ogni cantante si

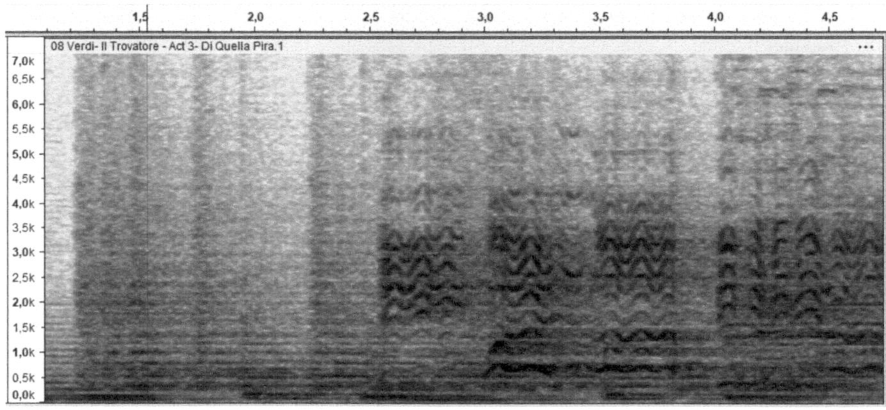

Figura 4.3 Spettrogramma dell'attacco della cabaletta "Di quella pira" dal Trovatore di Verdi, cantata da Luciano Pavarotti. C'è una breve introduzione strumentale, e al tempo $t = 2.5$ secondi circa si vede l'ingresso della voce umana: si può notare la formante del cantante, molto pronunciata, tra i 3000 e 3500 Hz. Si nota inoltre la presenza di un vibrato molto pronunciato, di grande ampiezza e oscillante circa 6 volte al secondo. Si osserva infine come la fondamentale non sia molto evidente, anche se una analisi più approfondita mostra come questa sia presente

cerca quindi un punto di equilibrio tra la comprensione del testo e la naturalezza della pronuncia, e lo sforzo fisico associato all'emissione. Per le cantanti donne, in particolare per i soprani, si adopera un meccanismo in parte differente: gli uomini infatti, avendo una fondamentale di frequenza bassa, hanno le armoniche molto ravvicinate, e mantenendo la frequenza della formante fissa ci sono sempre alcune armoniche che vengono amplificate. Nel caso delle voci femminili acute, invece, le armoniche sono molto diradate, ed è difficile che una di queste rientri nel picco della formante. La strategia è quindi quella di cercare di adattare la frequenza della formante ad una delle armoniche, con un continuo aggiustamento che porta tuttavia ad aumentare i problemi di comprensibilità del testo.

La nota associata ad una vocale cantata dipende ovviamente dalla frequenza fondamentale, anche se a volte questa rimane oscurata dall'orchestra, o addirittura assente quando il mezzo di riproduzione non è particolarmente raffinato (è il caso, spesso, del suono riprodotto dagli altoparlanti del telefonino). Nel canto è spesso frequente il vibrato, che corrisponde ad una rapida variazione della frequenza della nota cantata: solitamente la frequenza compie delle escursioni di una frazione di semitono 5-6 volte al secondo. Il vibrato è considerato un abbellimento, ma non sempre è apprezzato: gli anglosassoni ad esempio non amano le voci italiane con un vibrato ricco ed evidente, mentre preferiscono il canto che ne è privo, che a noi latini sembra fisso e monocorde [26].

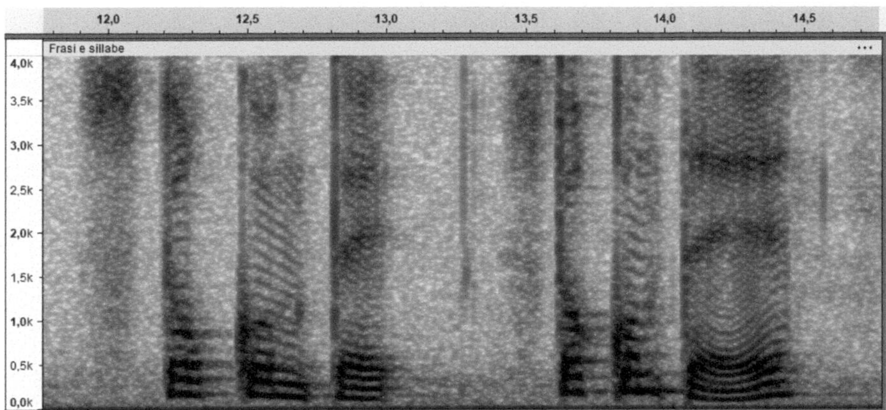

Figura 4.4 Questo spettrogramma mostra come varia l'intonazione pronunciando la frase "Sto con te" come una affermazione o come una domanda. Nel primo caso si vede come la frequenza fondamentale rimanga più o meno stabile lungo tutta la frase. Nel secondo caso, invece, l'andamento è molto più mosso, e si nota molto bene come alla fine la frequenza risulti crescente

4.4 Prosodia

L'intonazione, la durata, l'accento delle vocali può cambiare per ragioni espressive, aumentando o diminuendo l'intensità o la frequenza della fondamentale. Linguisti e glottologi e fonologi sono esperti di queste sfumature: qui basta ricordare come nelle frasi interrogative l'intonazione si innalza alla fine della frase, mentre in quelle affermative o assertive rimane stabile o discende. Anche questa caratteristica può essere facilmente sperimentata, come ad esempio in figura 4.4.

Capitolo 5
La corda vibrante

Gli strumenti a corda, o cordofoni, costituiscono una grande parte degli strumenti musicali classici: la loro popolarità è dovuta al fatto che la vibrazione di una corda è un fenomeno periodico, a meno della perdita di energia che in ogni ciclo ne diminuisce l'ampiezza, e pertanto di intonazione ben definita. La corda vibrante, di per sé, non produce però un suono di volume elevato, in quanto non sposta molta aria durante la vibrazione. Per questo motivo la corda viene accoppiata alla cassa armonica: la cassa armonica è, per farla breve, una scatola costituita da un materiale leggero su cui le corde vengono tese. La vibrazione delle corde si estende alle pareti della cassa, che mettono in moto sia l'aria esterna, che quella interna, producendo quindi un grande volume di suono. La cassa armonica non svolge tuttavia il ruolo di amplificare le vibrazioni della corda, bensì di trasferire in modo efficace la sua energia alle onde sonore. In questo modo tuttavia il suono della corda si smorza più rapidamente: questo effetto tuttavia viene compensato dal fatto che il suono prodotto rimane per più tempo al di sopra della soglia di udibilità, dando l'impressione di durare più a lungo. Inoltre la cassa armonica ha delle frequenze proprie di risonanza, intervallate da altre frequenze, dette di antirisonanza, in corrispondenza delle quali la cassa vibra molto poco o nulla: in questo modo la cassa armonica imprime sul suono prodotto dalla corda una propria firma caratteristica, che consiste nell'esaltazione o attenuazione di certe frequenze, dando ad ogni strumento una propria voce individuale.

Come si sa bene, esistono due famiglie di strumenti a corda, anzi tre: gli strumenti a corde pizzicate e gli strumenti a corde sfregate, più gli strumenti a corde percosse, il cui rappresentante più importante è il pianoforte. Come si sa, il suono degli strumenti a corde pizzicate o percosse è un suono che raggiunge la massima intensità all'inizio, dopodiché si estingue gradatamente su tempi che possono durare anche diversi secondi; negli strumenti a corde sfregate invece lo sfregamento rifornisce continuamente l'energia ceduta dalla corda alle onde sonore, per cui il suono ha una durata molto maggiore. Inoltre l'esecutore ha il controllo continuo sulla dinamica dello strumento, ed è in grado di rinforzare o smorzare a piacimento l'intensità del suono prodotto. Ci occuperemo del meccanismo dello sfregamento più in là, quando parleremo della glassharmonica. Un testo che riassume i più im-

I. Ferrante, *La Fisica del Suono e della Musica*,
https://doi.org/10.1007/978-3-031-86344-8_5

portanti risultati scientifici sulla fisica degli strumenti a corda è l'antologia curata da Rossing [27].

5.1 La fisica della corda vibrante

Possiamo capire cosa succede ad una corda tesa pizzicata osservandone il movimento rallentato. Per ottenere questo risultato, si può prendere una corda abbastanza spessa, lunga qualche metro, e fissarne un estremo ad un punto. Dando una scossa forte all'altro estremo, si vede che la corda forma un'onda che viaggia velocemente verso l'estremo fissato per poi tornare indietro. Si può verificare facilmente che la velocità dell'onda dipende dalla massa della corda (è tanto più lenta quanto più la corda è pesante), e dalla sua tensione (è tanto più veloce quanto più la corda è tesa): un calcolo a portata di uno studente universitario di Fisica dimostra che la velocità dell'onda (misurata in m/s) lungo la corda è uguale a

$$v_{onda} = \sqrt{\frac{T}{m_l}}$$

dove T è la tensione della corda, ovvero la forza con la quale viene tirata, misurata in newton, e m_l la massa per unità di lunghezza, ovvero la massa (in Kg) di un metro di corda.

Osservando con attenzione, si vede che l'onda che torna indietro riflessa dall'estremo fisso è invertita rispetto a quella in arrivo: l'alto e il basso sono scambiati, e pure la destra con la sinistra. Questa inversione è dovuta al fatto che l'estremo della corda non si muove: infatti in questo modo la somma tra l'impulso e l'impulso riflesso è esattamente uguale a zero in corrispondenza dell'estremo (si veda figura 5.1).

Vediamo adesso cosa accade quando la corda è fissata ad entrambe le estremità: in questo caso l'onda viaggia verso l'estremo, viene riflessa una prima volta, torna indietro invertita, ma viene successivamente riflessa all'altra estremità riacquistando così la forma e velocità originale. Quindi il moto dell'onda è periodico, ed il periodo P_{onda} è pari al tempo impiegato dall'onda per percorrere due volte, avanti e indietro la lunghezza della corda. Quindi si ha:

$$P_{onda} = \frac{2 \cdot L}{v_{onda}} = 2 \cdot L \cdot \sqrt{\frac{m_l}{T}}$$

Nel caso in cui la corda venga pizzicata in un punto qualsiasi, le onde prodotte sono due, che viaggiano in direzioni opposte sommandosi tra di loro. Il moto risultante è molto complesso, ma comunque periodico.

La frequenza fondamentale del suono prodotto sarà quindi

$$f_{fond} = \frac{1}{2 \cdot L} \cdot \sqrt{\frac{T}{m_l}} \tag{5.1}$$

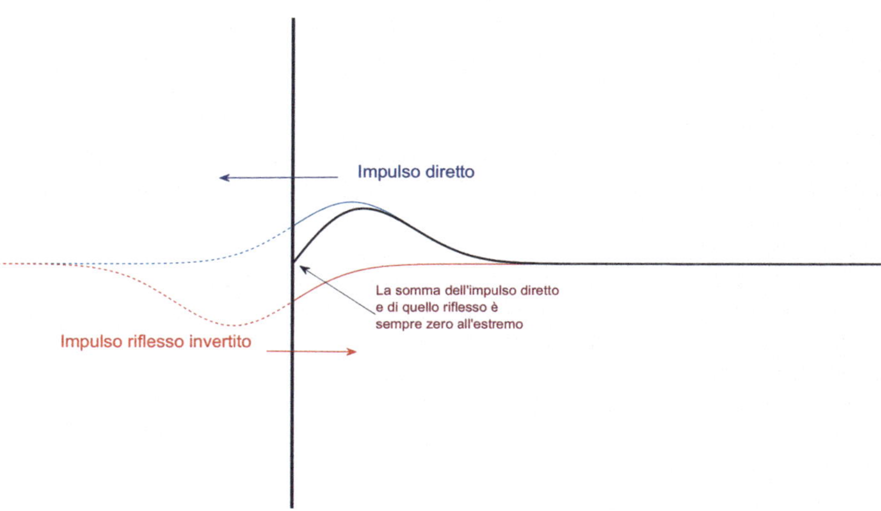

Figura 5.1 Riflessione di un impulso che viaggia su una corda tesa con un estremo fisso. L'impulso viene riflesso con segno invertito rispetto all'onda incidente: lo spostamento risultante è la somma dei due impulsi, ed è nullo in corrispondenza dell'estremo

Oltre a questa frequenza, essendo il suono periodico, compariranno ovviamente tutte le armoniche, multiple intere della fondamentale.

In una corda reale, la riflessione non è perfetta, per cui il moto non sarà esattamente periodico, tuttavia lo spettro rimane armonico con ottima precisione.

Nella formula 5.1 viene racchiuso tutto quello che si conosce empiricamente sulla corda vibrante: ovvero, aumentando la tensione la frequenza, e quindi l'altezza, del suono prodotto aumenta; inoltre corde pesanti (come quelle rivestite di ottone nella chitarra e nel pianoforte) vibrano più lentamente, mentre infine le corde più corte producono suoni più acuti.

5.2 Onde stazionarie

Un modo alternativo di descrivere il moto di una corda vibrante è quello di considerare il moto che corrisponde ad ognuna delle armoniche dello spettro: ciascuno di questi costituisce infatti un modo diverso di vibrazione. Si tratta di moti particolari detti onde stazionarie, ovvero onde i cui massimi e minimi non si muovono, ma cambiano di ampiezza con una data frequenza. Un'onda di questo tipo deve essere quindi del tipo:

$$y(x,t) = A \cdot \sin(2\pi f_k t) \cdot Y_k(x)$$

dove il termine con il seno descrive una oscillazione di frequenza f_k, che è la k-esima armonica e la funzione $Y_k(x)$ descrive la forma dell'onda che corrisponde a f_k.

Quest'ultima funzione deve annullarsi in corrispondenza dei supporti della corda: il modo fondamentale ad esempio, corrisponde ad una vibrazione di tutta la corda in su ed in giù; la seconda armonica corrisponde invece ad un moto in cui metà della corda si muove verso l'alto, metà verso il basso, mentre il punto centrale rimane fermo.

Nel terzo modo di oscillazione, che corrisponde alla terza armonica, i due terzi estremi della corda oscillano in una direzione, mentre il terzo centrale oscilla in direzione opposta. I punti intermedi rimangono fermi. In generale, i punti che rimangono fermi vengono detti nodi dell'oscillazione, mentre i punti in cui l'oscillazione raggiunge l'ampiezza massima sono detto ventri: l'armonica n-esima avrà $n-1$ nodi equispaziati, più i due nodi fissi agli estremi, e n ventri: si vede che la lunghezza della corda è sempre pari ad un multiplo di metà della lunghezza dell'onda stazionaria (che NON è la lunghezza d'onda del suono prodotto!), per cui

$$\lambda_n = \frac{2L}{n}$$

In figura 5.2 viene illustrata la situazione. Dalla relazione tra frequenza e lunghezza d'onda 1.9 si trova infine:

$$f_n = \sqrt{\frac{T}{m_l}}\frac{n}{2L}$$

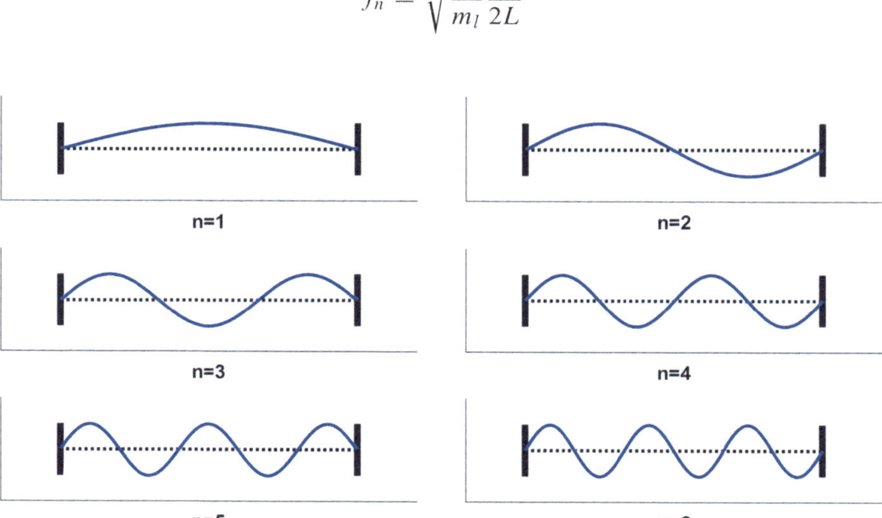

Figura 5.2 I primi sei modi di vibrazione di una corda. Il moto generico sarà una sovrapposizione di questi. Come si vede, tutti i modi pari hanno un nodo esattamente al centro. La frequenza del modo n sarà uguale ad n volte la frequenza della fondamentale

ovvero, come ci si aspetta, la frequenza delle armoniche è multipla della frequenza fondamentale

$$f_1 = \sqrt{\frac{T}{m_l}}\frac{1}{2L} \tag{5.2}$$

che è la frequenza che era stata trovata in precedenza.

Figura 5.3 I primi 5 modi della corda vibrante. La fondamentale corrisponde a 12 Hz. L'altoparlante sulla destra fornisce la vibrazione

Quando la corda viene pizzicata, tutti o quasi i modi di oscillazione vengono posti contemporaneamente in moto, con ampiezze che dipendono dal punto in cui viene pizzicata la corda: generalmente, ma non sempre, i modi più bassi vibrano con ampiezza maggiore, mentre i modi più alti oscillano con ampiezza sempre più piccola.

I modi di oscillazione possono essere osservati adoperando un altoparlante per eccitarli singolarmente. Nelle foto 5.3 è possibile vedere i primi modi ottenuti utilizzando un banale elastico da merceria teso tra due supporti e posto in vibrazione ad un estremo. La frequenza fondamentale è circa 12 Hz.

5.3 Verifica della formula della corda vibrante

Che la frequenza del modo fondamentale della corda vibrante sia inversamente proporzionale alla sua lunghezza sta alla base del funzionamento di molti strumenti a corda, come la chitarra o il violino, in cui la lunghezza viene appunto modificata per intonare le varie note. Verificare questa dipendenza è quindi molto semplice, basta confrontare, in una chitarra, la lunghezza del tratto vibrante con la frequenza della nota suonata: questo esperimento verrà descritto nel prossimo paragrafo. Con una chitarra però è difficile misurare la tensione della corda, ed altrettanto difficile misurare la massa per unità di lunghezza senza smontare la corda[1]. Propongo quindi di verificare la formula 5.1 costruendo un semplicissimo monocordo, strumento che storicamente è stato adoperato per lo studio delle proprietà dell'armonia. Lo strumento base è molto semplice (vedi figura 5.4): basta tendere un pezzo di filo, meglio se di nylon, tra due sostegni a forma di cuneo e misurare la frequenza ottenuta pizzicando la corda. La massa per unità di lunghezza può essere stimata facilmente con una bilancia di precisione (si trovano a pochi euro nei negozi di elettronica a basso costo delle bilance economiche in grado di apprezzare il decimo di grammo con una accuratezza sufficiente per i nostri scopi): per ottenere m_l basta dividere la massa misurata per la lunghezza della corda. Il problema della misura della tensione della corda può essere aggirato appendendo una massa M nota ad una estremità del filo, che viene lasciata penzolare. In queste condizioni, la tensione del filo è pressappoco uguale alla forza peso Mg. C'è però un problema, costituito dalle forze di attrito nel punto di contatto tra la corda ed il sostegno: queste forze non sono trascurabili e possono contribuire sia ad aumentare che diminuire la tensione della corda. Per questo motivo, la corda va tesa con cura, assicurandosi che la tensione sia omogenea dappertutto. Il modo migliore che ho trovato è quello di porre lo strumento in posizione verticale, e successivamente ruotarlo delicatamente in posizione orizzontale. A questo punto è possibile effettuare delle registrazioni del suono prodotto pizzicando la corda, od eventualmente sfregandola con un archetto da violino, in

[1] In realtà è possibile misurare la tensione in modo approssimato con facilità: basta appendere con un gancio una massa nota al centro della corda e misurare la deflessione δ: in queste condizioni la forza peso $P = mg$ viene bilanciata dalla componente verticale della tensione, pari a $2T\delta/(L/2)$per cui $T = mgL/(4\delta)$.

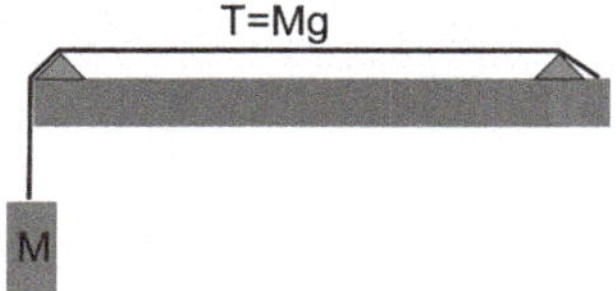

Figura 5.4 Schema di costruzione del monocordo. Il sostegno a destra è mobile, mentre quello a sinistra deve essere in grado di minimizzare gli attriti. La tensione della corda, in newton, si ottiene moltiplicando la massa sospesa (in Kg) per l'accelerazione di gravità (9.81 m/s)

funzione della distanza tra i sostegni e della massa M: la frequenza del suono prodotto può essere ottenuta osservando lo spettro del suono ottenuto e misurando la posizione del primo picco, oppure adoperando un accordatore cromatico. Purtroppo in assenza di una cassa di risonanza il suono prodotto dal filo è molto debole: il microfono va posizionato il più vicino possibile. Un probabile effetto sistematico potrebbe essere l'allungamento del filo sotto l'effetto della tensione, che porta ad una diminuzione del valore della massa per unità di lunghezza: per questo motivo, conviene prendere corde poco estensibili, con diametro intorno al mm.

Io ho adoperato una corda da chitarra, la numero 3, ovvero la più spessa tra quelle non rivestite: ha un diametro di 1.0 ± 0.1 mm ed una lunghezza di 99 ± 1 cm. La massa, misurata con una bilancia con precisione del decimo di grammo, è risultata 0.9 g. Questi dati sono compatibili con una densità lineare di 0.9 ± 0.1g/m. In condizione di lavoro normale, una corda di questo tipo ha una tensione di circa 66 N: in questo esperimento sono state adoperate tensioni nettamente inferiori, una ventina di newton al massimo.

L'esperimento è stato condotto adoperando diverse combinazioni di tre masse, una da 400 g e due da circa 1 Kg: in figura 5.5 si può verificare come l'andamento previsto è ben rispettato.

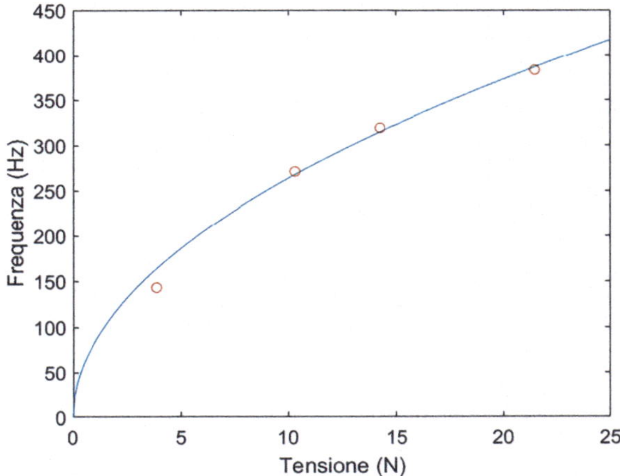

Figura 5.5 Dipendenza della frequenza dalla tensione della corda. La tensione è ottenuta moltiplicando il valore della massa appesa al filo per l'accelerazione di gravita: l'incertezza purtroppo è difficilmente calcolabile perché dipende dagli attriti sui punti di sospensione della corda. La frequenza invece ha una incertezza di circa 5 Hz. La lunghezza della corda era di 20 cm: la linea continua corrisponde ai valori attesi assumendo una densità di massa di 0.9 g/m

5.4 Esperimenti da effettuare su una chitarra

Avendo a disposizione una chitarra, è possibile effettuare una serie di semplici esperimenti (altri se ne trovano in [28]).

5.4.1 Dipendenza dello spettro dal punto di pizzico

Si sa che il suono della chitarra pizzicata in prossimità del ponticello il suono risulta particolarmente brillante e "secco" , mentre pizzicando la corda in prossimità del buco centrale della cassa armonica si ottiene un suono più morbido e pastoso. Osservando gli spettri che si ottengono nelle due situazioni, si verifica che pizzicando vicino al ponticello le armoniche più alte risultano più forti.

Una situazione particolare si ottiene pizzicando la corda in punti ben determinati: ad esempio, pizzicando con cura al centro esatto della corda si può verificare che le armoniche pari risultano soppresse, o almeno di ampiezza inferiore rispetto a quelle dispari: questo perché i modi di oscillazione pari hanno un nodo al centro, per cui pizzicando in corrispondenza del nodo non vengono eccitati. Lo stesso accade pizzicando ad un terzo: stavolta le armoniche soppresse saranno la terza ed i suoi multipli.

Un esperimento più difficile da effettuare consiste nel toccare la corda pizzicata esattamente al centro, con un righello o una lama sottile: se si opera bene, si sente come il modo fondamentale e le armoniche dispari scompaiono, mentre rimangono solamente le armoniche pari: l'effetto acustico risultante è un salto di ottava.

5.4.2 Posizionamento dei tasti della chitarra

Il posizionamento dei tasti della chitarra si può determinare facilmente adoperando la formula 5.2: si tenga presente che spostando il dito di un tasto la nota si alza di un semitono.

Supponiamo quindi che il tasto n-esimo si trovi a distanza L_n dal ponticello e che produca una nota di frequenza f_n. Spostandosi di un posto, devo avere $f_{n+1} = \sqrt[12]{2} f_n$. Pertanto devo avere:

$$\frac{1}{2L_{n+1}}\sqrt{\frac{T}{m_l}} = \sqrt[12]{2}\frac{1}{2L_n}\sqrt{\frac{T}{m_l}}$$

da cui infine:

$$L_{n+1} = \frac{L_n}{\sqrt[12]{2}} \approx 0.944 \cdot L_n$$

Tabella 5.1 Distanza tra il ponticello e il tasto, e frequenza misurata corrispondente

Tasto	Lunghezza L	L_n/L_{n-1}	f	f_n/f_{n-1}
0	54.7	–	333	–
1	51.5	0.941	354	1.063
2	48.6	0.944	375	1.059
3	45.9	0.944	397	1.059
4	43.3	0.943	421	1.060
5	40.7	0.940	446	1.059
6	38.4	0.943	474	1.063
7	36.3	0.945	502	1.059
8	34.2	0.942	534	1.064
9	32.3	0.944	563	1.054
10	30.5	0.944	599	1.064
11	28.7	0.941	634	1.058
12	27.1	0.944	673	1.062
13	25.5	0.941	719	1.068
14	24.1	0.945	758	1.054
15	22.7	0.942	803	1.059
16	21.4	0.943	852	1.061
17	20.2	0.944	908	1.066
18	19	0.941	962	1.059

Come esempio riportiamo le misure effettuate sulla prima corda di una piccola chitarra 3/4. Per ogni tasto, sono state misurate la distanza dal capotasto, pari alla lunghezza del tratto vibrante, e la frequenza della nota fondamentale: i risultati sono mostrati in tabella 5.1.

In figura 5.6 è mostrato il periodo di oscillazione fondamentale (l'inverso della frequenza fondamentale) in funzione della lunghezza del tratto vibrante: si vede immediatamente come la legge di proporzionalità diretta sia perfettamente rispettato.

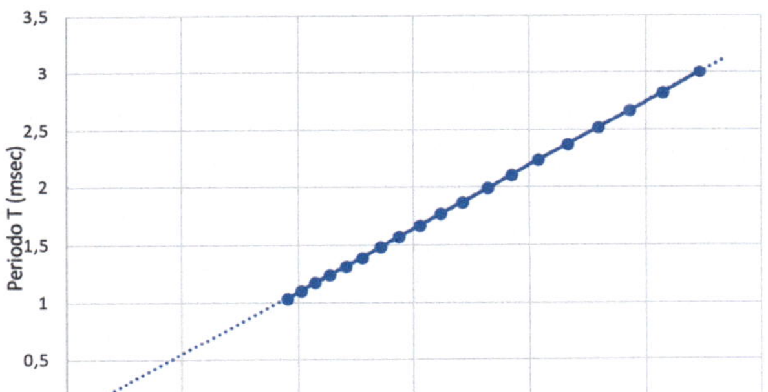

Figura 5.6 Grafico della relazione tra la lunghezza della corda e la frequenza fondamentale

Capitolo 6
Tubi sonori

Una vasta classe di strumenti musicali adopera l'aria contenuta in un recipiente, spesso di forma cilindrica, a volte conica, come risuonatore: si tratta degli aerofoni, e comprende flauti, clarinetto, oboe, tromba, sassofono, etc. In casa ne abbiamo avuto tutti, o quasi tutti, uno: è il flauto dolce che si adopera, o si adoperava, alle scuole medie per imparare a suonare semplici melodie. Possiamo cominciare ad osservarlo un po' da vicino, per cominciare. Il flauto ha una apertura rettangolare con un bordo tagliente, detto *labium* contro il quale viene indirizzato il flusso d'aria attraverso il beccuccio. Il corpo del flauto è fornito di una serie di buchi, aprendo i quali, a partire dal più distante dall'imboccatura, vengono prodotte le note della scala di Do maggiore. Possiamo cominciare misurando la distanza dei fori dal *labium* e mettendola in relazione con la frequenza della nota ottenuta chiudendo tutti i fori fino all'n-esimo e lasciando aperti gli altri. Si scopre che la relazione tra il periodo (l'inverso della frequenza) e la distanza è approssimativamente lineare. Si può inoltre osservare lo spettro della singola nota, osservando che questo è armonico (vedi figura 6.1). Cercheremo di spiegare queste osservazioni analizzando il comportamento dell'aria all'interno del tubo.

6.1 Viaggio di un impulso sonoro dentro un tubo

Consideriamo un impulso sonoro, costituito ad esempio da una zona di alta densità e alta pressione, generato all'estremità di un tubo (basta colpire l'estremità del tubo col palmo aperto). L'impulso viaggerà nel tubo alla velocità del suono, fino a raggiungere l'altra estremità. Supponiamo dapprima che questa estremità sia chiusa: in questo caso, l'impulso torna indietro riflesso.

Supponiamo che l'estremità invece sia aperta: in questo caso, l'impulso si espande all'esterno del tubo, ma lascia al suo posto una regione di bassa densità e bassa pressione che viene riflessa all'indietro. Si tratta del fenomeno che abbiamo osservato sperimentalmente in figura 3.6: diciamo in questo caso che abbiamo riflessione con inversione di segno.

I. Ferrante, *La Fisica del Suono e della Musica*,
https://doi.org/10.1007/978-3-031-86344-8_6

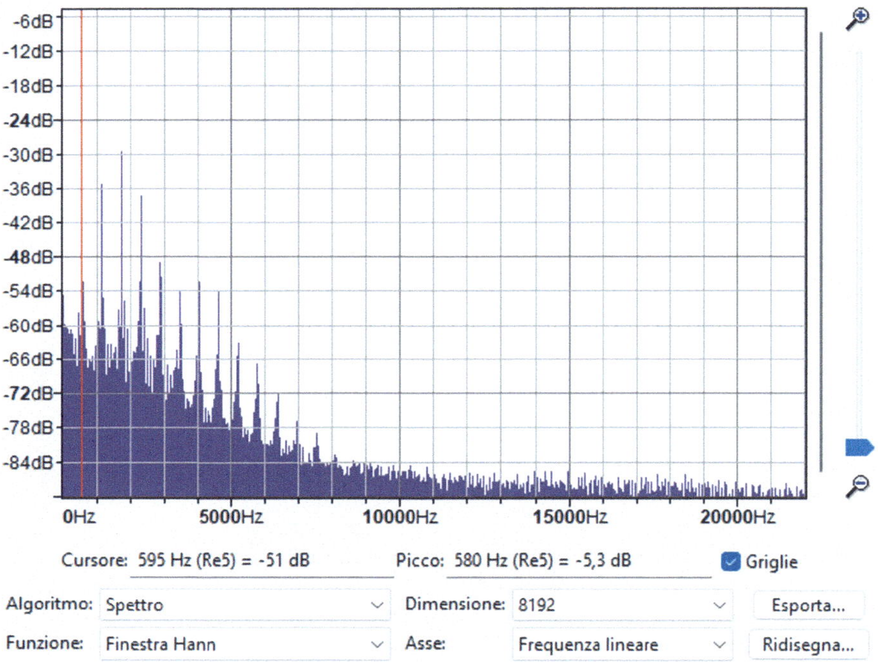

Figura 6.1 Spettro di un Re eseguito sul flauto dolce. Si riconoscono chiaramente le armoniche multiple della fondamentale a 580 Hz, segnata dalla linea rossa. Oltre a queste sono presenti altre linee, di origine incerta

Proviamo adesso a seguire un impulso lungo un tubo, supponendo che questo sia aperto ad entrambe le estremità: dapprima l'impulso viene riflesso ad una estremità, dopodiché torna indietro invertito; successivamente raggiunge l'altra estremità, e viene nuovamente invertito tornando indietro. Quando ripassa dalla posizione originale, ha la stessa ampiezza e la stessa velocità che aveva all'inizio: quindi possiamo concludere che il suono all'interno di un tubo ha un andamento periodico. Il periodo è ricavabile facilmente osservando come l'impulso percorra due volte il tubo prima di ritrovarsi nella situazione iniziale, con velocità pari alla velocità del suono. Si ha quindi:

$$T = \frac{2L}{c_s}$$

pertanto la frequenza fondamentale è

$$f_1 = \frac{c_s}{2L} \tag{6.1}$$

Consideriamo adesso il caso in cui il tubo sia chiuso ad una estremità: stavolta l'impulso viene riflesso una volta senza inversione di segno, una volta con, per cui quando si ritrova nel punto di partenza, con la stessa velocità, risulta invertito di segno! Sono necessari altre due riflessioni, una senza e l'altra con inversione, per ritornare nella posizione originale. Pertanto il periodo stavolta è uguale al tempo necessario per percorrere 4 volte il tubo per intero:

$$T = \frac{4L}{c_s}$$

e la frequenza fondamentale è uguale a:

$$f_1 = \frac{c_s}{4L} \tag{6.2}$$

ovvero un'ottava sotto quella del tubo aperto. Questo non è tutto, però: infatti, vista l'inversione dell'impulso dopo una riflessione, la forma dell'oscillazione non può essere qualsiasi, ma deve essere tale che la prima metà del periodo fondamentale deve essere uguale ma di segno opposto alla seconda metà: questa richiesta elimina automaticamente tutte le armoniche multiple pari della fondamentale.

Possiamo adesso esaminare cosa accade nel flauto dolce: il flusso d'aria spinto contro il *labium* produce un aumento di pressione all'interno del corpo del flauto, che si propaga fino all'estremità del tubo, tornando indietro riflessa come una depressione. Tornata indietro al *labium*, la depressione attira dentro il corpo del flauto un nuovo impulso ricominciando il ciclo. In questo modo il flauto si comporta come un tubo aperto da entrambi i lati: applicando la formula 6.1 alla nota più bassa, corrispondente a tutti i fori chiusi ed una lunghezza di 27.8 cm, si trova tuttavia una frequenza di 611 Hz, maggiore della frequenza misurata di 523. Questa discrepanza non è enorme, in quanto il modello che abbiamo adoperato non è molto accurato, trascurando gli effetti ad esempio del fatto che il corpo del tubo è conico e non cilindrico, e gli effetti del diametro dei fori.

6.2 Onde stazionarie

La presenza di riflessioni ad entrambe le estremità genera onde stazionarie, ovvero onde che non si propagano ma rimangono "imprigionate" all'interno del tubo. Le onde stazionarie possono avere un andamento complicato, ma possono essere scomposte, facendo uso dell'analisi di Fourier, in onde sinusoidali. L'obiettivo è quindi quello di capire quali onde, e quindi quali frequenze e quali modi di risonanza, possono esistere all'interno di un tubo nei tre casi in cui una o entrambe le estremità siano chiuse od aperte.

Cerchiamo di capire cosa avviene all'estremità del tubo: consideriamo l'andamento della differenza di pressione rispetto a quella atmosferica dell'aria contenuta nel tubo: ad una estremità aperta di un tubo la pressione sarà uguale a quella atmosferica, e quindi la differenza di pressione è nulla. D'altro canto ad una estremità chiusa la pressione avrà un massimo, in quanto le molecole continuano a rimbalzare

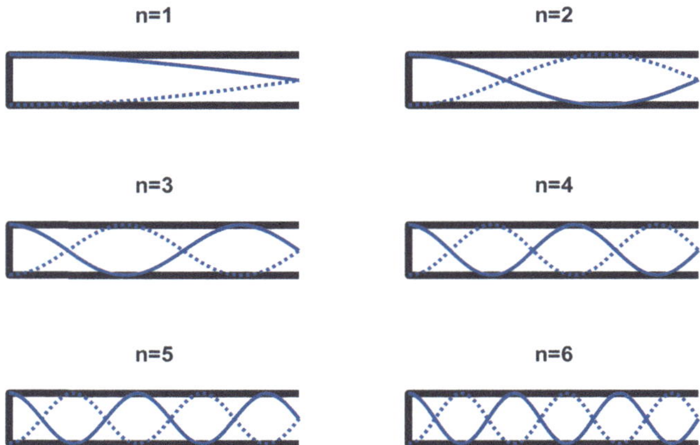

Figura 6.2 Andamento della pressione nelle onde stazionarie all'interno di un tubo chiuso ad una sola estremità. La pressione oscilla in un ciclo tra la linea solida e quella punteggiata. In corrispondenza della chiusura la pressione ha sempre un massimo locale. La lunghezza del tubo per il modo n è pari a $2n - 1$ mezze lunghezze d'onda

sulla chiusura. Quindi le possibili onde sinusoidali, dovendo avere un massimo di pressione in corrispondenza di una estremità chiusa, ed uno zero in corrispondenza di una estremità aperta, sono quelle mostrate in figura 6.2 nel caso in cui il tubo abbia una estremità chiusa ed una aperta, mentre invece nel caso in cui entrambe le estremità siano aperte i modi sono quelli dati dalla figura 6.3.

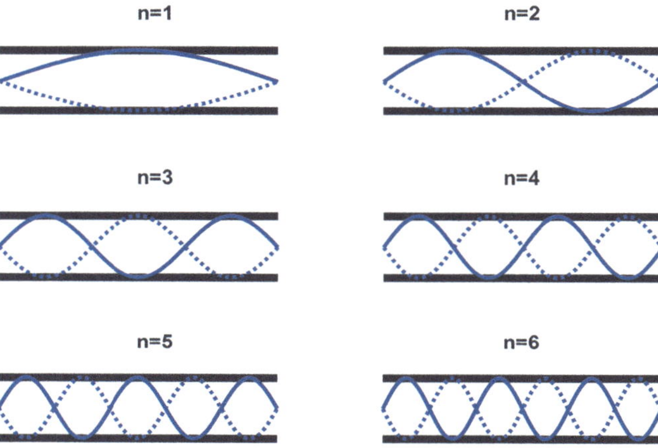

Figura 6.3 Andamento della pressione delle onde stazionarie all'interno di un tubo aperto ad entrambe le estremità. Stavolta le onde stazionarie sono quelle per le quali la lunghezza del tubo è pari ad un multiplo intero di mezze lunghezze d'onda. La fondamentale ha lunghezza d'onda pari a metà, e frequenza doppia, rispetto a quelle del tubo chiuso ad una estremità

Vediamo allora che le onde all'interno di un tubo assumono valori diversi a seconda di come siano le estremità del tubo: se le estremità sono entrambe aperte, o non entrambe chiuse, le onde sonore all'interno sono tali che la lunghezza del tubo è pari ad un multiplo intero di mezze lunghezze d'onda: $L = n\,\lambda/2$ e quindi, visto che $f = c_s/\lambda$ le uniche frequenze possibili sono:

$$f_n = n\frac{c_s}{2L}$$

Si ritrova la frequenza fondamentale, e si ritrova il fatto che le frequenze sono tutte multiple intere della fondamentale.

Nel caso invece in cui il tubo sia chiuso ad una sola estremità allora la condizione è che la lunghezza del tubo sia pari ad un numero dispari di quarti di lunghezze d'onda! Quindi $L = (2n - 1)\,\lambda/4$ con $n = 1, 2.....$ e infine:

$$f_n = (2n - 1)\frac{c_s}{4L}$$

Possiamo concludere che in un tubo chiuso ad una estremità la frequenza fondamentale è la metà di quella di un tubo aperto ad entrambe le estremità o chiuso ad entrambe le estremità: inoltre sono presenti solamente le armoniche dispari e mancano quelle pari.

Gli strumenti musicali si comportano in modo diverso a seconda del tipo: ad esempio, nel flauto, il foro all'imboccatura si comporta come una estremità aperta, e quindi il flauto stesso è un tubo aperto ad entrambe le estremità. Invece l'ancia del clarinetto o dell'oboe si comportano come una estremità chiusa, e quindi sia clarinetto che oboe risultano tubi chiusi ad una estremità. In un organo alcune delle canne sono aperte ed altre semichiuse: queste ultime suonano una ottava sotto le prime. Non abbiamo tenuto conto in questa trattazione del diametro del tubo: in realtà misure più accurate dimostrano che la riflessione dall'estremo aperto avviene leggermente all'esterno del tubo, e precisamente ad una distanza pari a circa 0.61 per il raggio del tubo. La lunghezza che compare nella formula 6.2 va quindi corretta aggiungendo $0.61 \cdot R$, mentre nella formula 6.1 la correzione va contata per ciascuna delle due estremità, quindi bisogna aggiungere $1.22 \cdot R$ (vedi [29]).

6.3 Gli ottoni

Gli ottoni costituiscono una famiglia di strumenti musicali, cui appartiene la tromba, il trombone, il corno, la tuba etc. Nonostante gli strumenti professionali appaiano enormemente complessi, la struttura di base è sempre la stessa: un tubo, solitamente cilindrico, ma a volte con delle sezioni coniche, con una imboccatura ad una estremità ed una campana svasata all'altra. Il materiale è solitamente l'ottone, ma esistono anche strumenti economici in altri materiali, come la plastica, senza che esistano macroscopiche differenze sul suono prodotto.

Per capire il funzionamento della tromba partiamo da un semplice tubo: io ne ho preso uno da elettricista, di quelli in PVC, del diametro di 2 cm, lungo 123 cm. Ad una estremità ho appoggiato le labbra, e ho soffiato cercando di produrre una "pernacchietta", ma tentando di ottenere una vibrazione stabile e sonora. Sono riuscito ad ottenere questo effetto con molta fatica, e soffiando molto forte, sulle frequenze di 211, 344, 493, 627 Hz: si tratta, come si vede, dei multipli dispari di una fondamentale di circa 70 Hz, ovvero lo spettro di un tubo chiuso ad una estremità. Il tubo non costituisce un elemento passivo, bensì interagisce con le labbra per rafforzare le vibrazioni al punto di risonanza. La frequenza fondamentale non è suonabile con questo sistema.

Con un tubo semplice ovviamente non si fa molto: si riesce a suonare un richiamo vagamente simile ad un corno, o al fischio di una nave a vapore. Per ottenere uno strumento vero bisogna fare qualche modifica: innanzitutto bisogna scegliere un tubo più lungo, in modo che le frequenze di risonanza risultino più vicine tra di loro e permettano di eseguire maggiori note. Il tubo può risultare ingombrante, pertanto va ripegato su sé stesso: questo non ha un grosso effetto sulle frequenze di risonanza. Inoltre, per rendere più comoda l'imboccatura, va inserito un bocchino, tipicamente più largo del tubo ed arrotondato: anche questo ha poco effetto sulle frequenze di risonanza, anche se un pochino permette di modificarle.

Infine bisogna aggiungere la campana. L'effetto della campana è più importante: infatti permette una migliore espansione e diffusione del suono, ma contemporaneamente modifica il valore delle frequenze suonabili.

Infine, la scelta di un tubo conico anziché cilindrico fa comparire anche le armoniche pari. Una sapiente combinazione di queste scelte permette ad un suonatore di tromba di eseguire alcune (poche) note della scala musicale. Per moltiplicare le capacità espressive dello strumento si adoperano i pistoni: i pistoni consentono di inserire ulteriori sezioni di tubo, aumentando così la lunghezza effettiva: una opportuna combinazione di pistoni consente di eseguire diverse note della scala.

Una descrizione più ampia del funzionamento degli ottoni si trova in [30], dove vengono proposte anche alcune misure da effettuare sugli strumenti musicali reali. Un caso particolare, ovvero il corno francese, viene descritto in dettaglio in [31].

6.4 Autocostruzione: il flauto di Pan

Il flauto di Pan è costituito da una serie di tubi di lunghezza diversa chiusi ad una estremità nei quali si soffia eccitando le frequenze di risonanza. La formula che dà la frequenza fondamentale è pertanto la 6.2, con la correzione alla lunghezza dovuta al raggio finito del tubo. In figura 6.4 si vede un esempio dello spettro ottenuto soffiando in un tubo lungo 186 mm e di diametro 15 mm: la lunghezza effettiva corrisponde a circa 190 mm, che, assumendo una velocità del suono di 340 m/s, corrisponde ad una frequenza di circa 447 Hz, molto vicina a quella misurata (445 ± 5 Hz).

La teoria prevede che nel tubo ideale siano presenti solamente le armoniche dispari: tuttavia, come si può notare, nello spettro le armoniche di ordine pari sono presenti, anche se di ampiezza inferiore a quelle di ordine dispari.

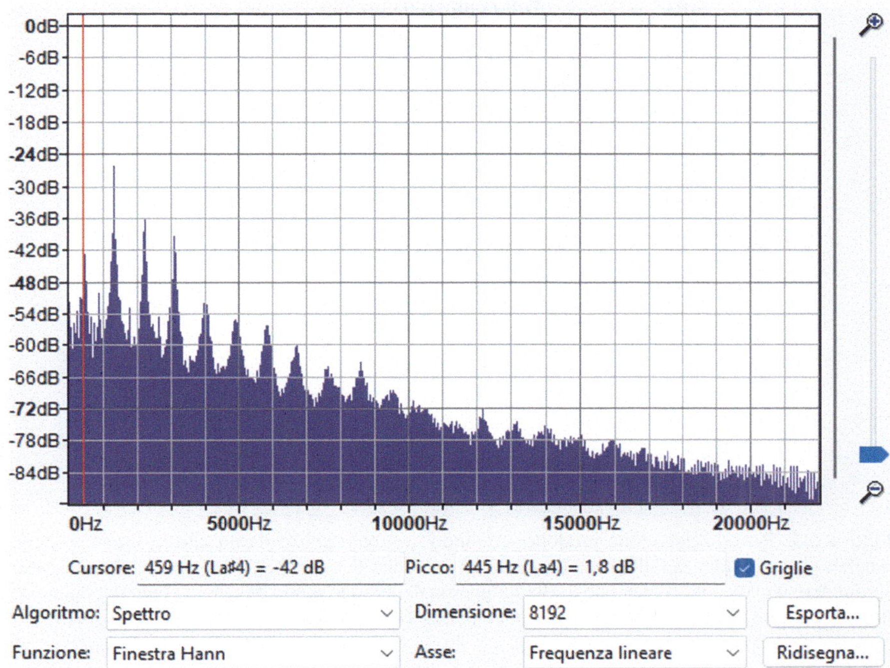

Figura 6.4 Spettro del suono ottenuto eccitando col soffio le risonanze di un tubetto lungo 168 mm di raggio 15 mm chiuso ad una estremità. Come si vede, le armoniche dispari sono soppresse. Il cursore è posto in corrispondenza della fondamentale, e si legge una frequenza di picco pari a 445 Hz, ovvero quella del La4

Utilizzando una serie di tubetti, si possono osservare sia la linearità della relazione tra la lunghezza del tubo e il periodo della fondamentale, e si osserva anche l'effetto della correzione dovuta al diametro finito. In figura 6.5 infatti la pendenza della retta fornisce la velocità del suono, mentre l'intercetta con l'asse delle ordinate fornisce la correzione da applicare alla lunghezza.

La costruzione "scientifica" di un flauto di Pan è a questo punto molto semplice: si comincia procurandosi un tubo di diametro opportuno, tipicamente compreso tra un centimetro ed un centimetro e mezzo, da cui si ritagliano una serie di tubetti la cui lunghezza può essere calcolata a partire dalla formula 6.2 trascurando momentaneamente le correzioni dovute al diametro interno: se si dispone di tubi di diametro diverso, conviene riservare il tubo più sottile alle frequenze più alte. Io ho adoperato canne di bambù, oppure tubi passacavi in pvc cui ho applicato dei gommini da sedia acquistati in ferramenta per chiudere una estremità. A questo punto, il flauto è quasi completo, ma di intonazione leggermente calante (essendo stato trascurato l'effetto del diametro), come si può verificare osservando lo spettro. Con pazienza a questo punto i tubetti possono essere accorciati fino a raggiungere le frequenze

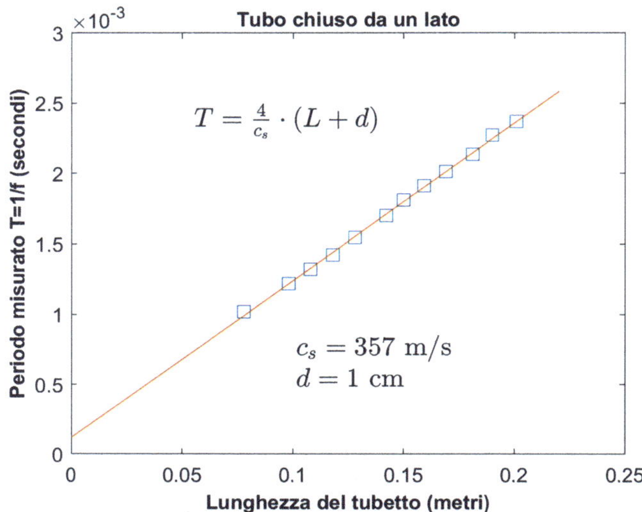

Figura 6.5 Periodo del suono prodotto soffiando in tubetti chiusi da un lato in funzione della lunghezza. La pendenza della retta è uguale alla velocità del suono. Come si vede, è necessario aggiungere una piccola correzione d alla lunghezza del tubo in modo da tenere conto del diametro finito: in questo caso, la correzione ammonta a circa 1 cm (la formula prevede circa 0.6 cm)

desiderate. Se il tubo ha una chiusura fissa, come nel caso di un tubo ricavato da una canna, chiuso da un nodo, l'unica operazione possibile è quella di alzare la frequenza accorciando il tubo; se invece il tubetto dispone di una chiusura mobile, può essere possibile anche un piccolo allungamento del tubo, corrispondente ad un abbassamento della frequenza, regolando la posizione del tappo. Si noti che la velocità del suono varia con la temperatura dell'aria: quindi uno stesso flauto può subire variazioni di frequenza fino al 2%, pari a circa 1/3 di semitono: per questo motivo nel processo di accordatura bisogna continuamente verificare che la frequenza di partenza rimanga stabile.

Ad esempio, nel mio caso, ho deciso di costruire una scala di La maggiore a partire dal La4 (440 Hz) fino al Si5. La scelta di adoperare della canna di bambù ha reso la misura della lunghezza piuttosto difficile, per cui ho preferito procedere per tentativi, accorciando la canna fino ad ottenere la frequenza desiderata.

6.5 Bottiglie sonore

Anche le bottiglie, quando si soffia dentro in maniera opportuna (dirigendo il soffio a metà strada tra l'interno e l'esterno, come nel flauto di Pan) producono un suono che viene adoperato spesso nella musica folk come strumento di accompagnamento ritmico (il *bummulu* o *quartara* siciliana, ad esempio). Una bottiglia non è altro che un semplice risuonatore di Helmholtz. I risuonatori di Helmholtz sono delle cavità di vetro con una apertura comunicante con l'esterno: l'aria contenuta in essi risuona ad una frequenza caratteristica che dipende dalle caratteristiche geometriche. Venivano usati come primitivi analizzatori di spettro: producendo un suono in prossimità dell'imboccatura, ed accostando l'orecchio ad un forellino praticato sul fondo è possibile stimare l'ampiezza della componente sonora corrispondente alla frequenza di risonanza.

Per calcolare la frequenza di risonanza, o frequenza di Helmholtz, il sistema è schematizzabile come una massa, corrispondente all'aria contenuta nel collo, legata ad una molla, corrispondente all'aria elastica contenuta nella cavità. La frequenza fondamentale di risonanza si può calcolare approssimativamente come:

$$f_H = \frac{c_s}{2\pi}\sqrt{\frac{A}{V \cdot L_e}} \tag{6.3}$$

dove c_s è la velocità del suono, A l'area del collo e V il volume della cavità; L_eè la lunghezza equivalente del collo, con una correzione che tenga conto del suo raggio: $L_e = L + C_{int} \cdot R + C_{ext} \cdot R$ dove R è il raggio del collo, e C un coefficiente pari a circa 0.64 se il bordo del collo è libero, e 0.82 se invece è fissato ad una parete (quindi tipicamente $C = 0.64$ per il bordo esterno del collo, e $C = 0.82$ per il bordo interno). Si veda figura 6.6 per una migliore definizione di queste quantità. Un caso particolare si ha quando il risuonatore è semplicemente una scatola con un foro circolare di raggio R molto minore delle dimensioni della parete su cui è praticato: il questo caso, visto che la lunghezza del collo è trascurabile, e visto che entrambi i bordi terminano su una parete, si ha approssimativamente $L_e = 1.64 \cdot R$. Per misurare la frequenza di risonanza, il modo migliore è quello di osservare lo spettro del suono ottenuto soffiando dentro il risuonatore. Facciamo un esempio pratico: consideriamo una comune bottiglia da 2 litri in PET, ($V = 2 \cdot 10^{-3}\text{m}^3$), il cui collo ha un diametro interno di circa 2.2 cm, ed è lungo 1.5 cm. La formula 6.3 consente di calcolare $f_H \approx 116$ Hz. Soffiando nella bottiglia, in modo da eccitare la risonanza fondamentale, si osserva nello spettro un picco a 106 Hz. Per una bottiglia

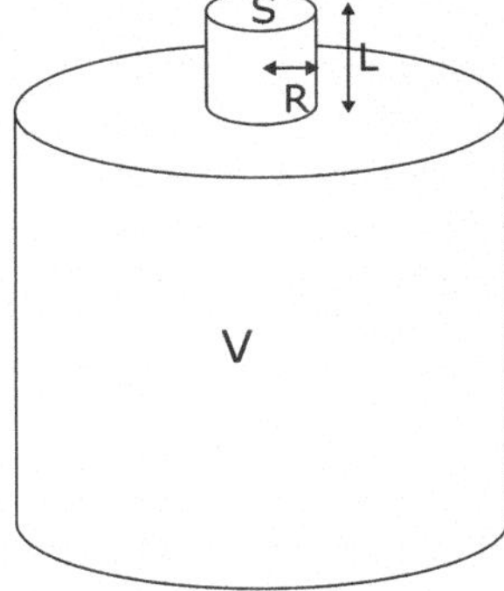

Figura 6.6 Schema di un risuonatore di Helmholtz: A è la sezione del collo, L la sua lunghezza, R il raggio e $S = \pi R^2$ la sua sezione. Infine V è il volume del recipiente

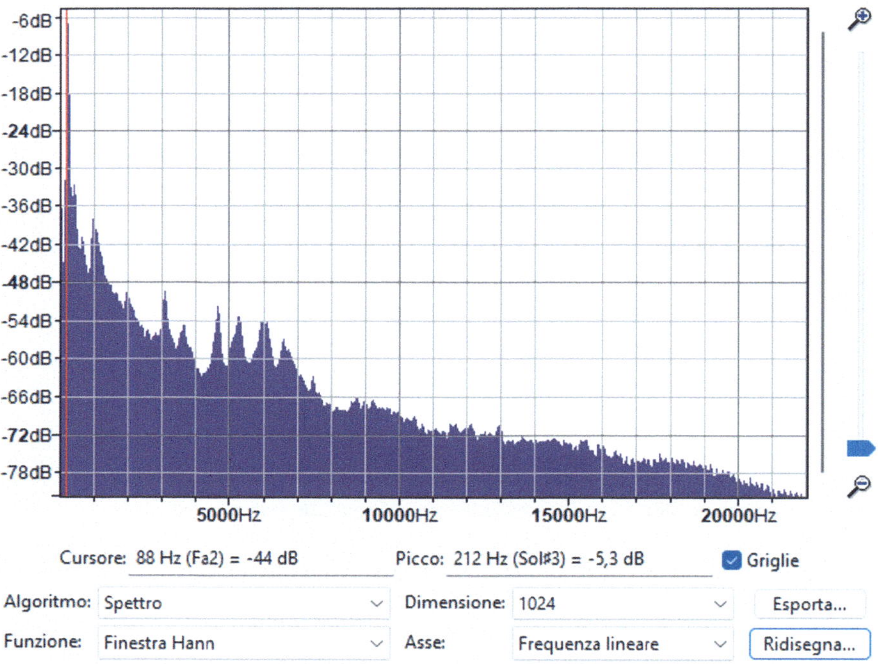

Figura 6.7 Spettro del suono ottenuto soffiando in una bottiglia in PET da mezzo litro. Si vede come il modo fondamentale sia assolutamente dominante, mentre gli altri modi sono non armonici

più piccola, da mezzo litro la formula precedente prevede $f_H \approx 230$ Hz, mentre la frequenza misurata è di circa 212 ± 40 Hz (vedi figura 6.7).

Un esperimento interessante consiste nella misura della dipendenza della frequenza di risonanza dal volume dell'aria contenuta nella bottiglia.

La procedura è semplice: si riempie la bottiglia d'acqua fino al collo, e la si pesa. Successivamente si svuota progressivamente, pesandola di volta in volta e misurando la frequenza di risonanza ottenuta: la differenza tra la massa iniziale e quella misurata consente di ricavare il volume dell'aria nella bottiglia.

In figura 6.8 vengono mostrati i risultati ottenuti adoperando una bottiglia d'acqua minerale da un litro e mezzo con una strozzatura a due terzi circa per favorirne l'impugnatura: si vede come l'andamento $F_h \propto V^{1/2}$ risulta ben rispettato: il salto in corrispondenza di $V \approx 0.5$ litri corrisponde alla strozzatura nella bottiglia: evidentemente la forma del risuonatore ha una piccola influenza sulla frequenza di risonanza.

La frequenza delle risonanze di ordine superiore non è armonica, e dipende, in generale, dalla forma del risuonatore.

Si suggerisce di provare a verificare la formula del risuonatore di Helmholtz adoperando recipienti diversi trovati in casa. Con una serie di misure condotte

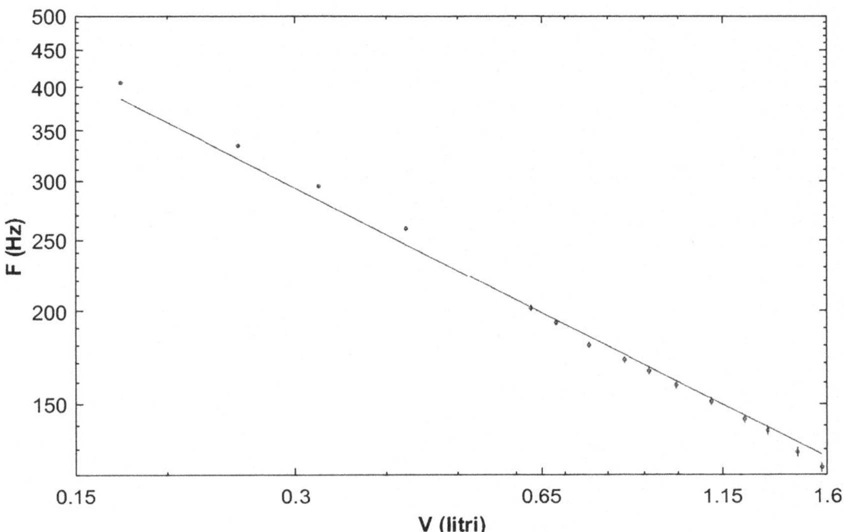

Figura 6.8 Dipendenza della frequenza di risonanza di Helmholtz in una bottiglia da un litro e mezzo parzialmente riempita in funzione del volume d'aria contentuto all'interno. La linea rossa corrisponde a $F_H \propto V^{1/2}$

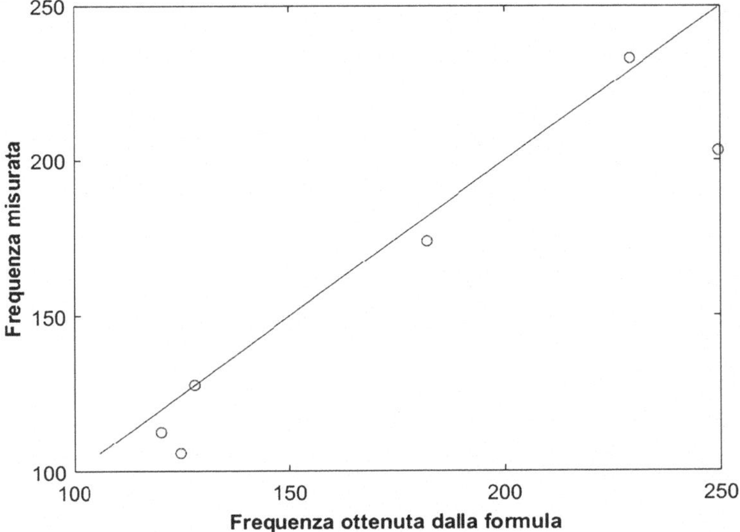

Figura 6.9 Verifica della formula di Helmholtz per bottiglie diverse. In ascissa troviamo il valore previsto dalla formula (con le correzioni per le dimensioni del collo), e in ordinata quello misurato. Se la formula fosse esatta, i valori dovrebbero disporsi lungo la retta: i valori misurati, invece, tendono ad essere più bassi. Questo anche perché la transizione tra il collo della bottiglia ed il suo volume interno non è quasi mai ben definita

personalmente ho ottenuto i risultati mostrati in figura 6.9. Come si nota, la formula sembra funzionare abbastanza bene, ma solitamente fornisce valori maggiori di quelli misurati.

Si può provare inoltre a costruire un risuonatore "senza collo" praticando un foro rotondo in una scatola. In questo caso, l'area del foro sarà $A = \pi R^2$, ma la lunghezza sarà zero, e pertanto diventerà importante la correzione dovuta al raggio: come visto sopra, la lunghezza efficace del collo del risuonatore sarà $L_e = 1.64 \cdot R$, per cui la frequenza di risonanza sarà:

$$f_H = \frac{c_s}{2\pi} \sqrt{\frac{\pi R}{1.64 \cdot V}}$$

Altri esperimenti sono descritti in [32].

Capitolo 7
Sbarre vibranti

In molte case si trova uno strumento musicale per bambini chiamato metallofono, formato da tante piastrine metalliche di uguale larghezza e diversa lunghezza poggiate su due punti, che vanno suonate percuotendole con le bacchette. Il suono del metallofono è, appunto, metallico, qualità che vedremo essere legata alla sua non armonicità, di breve durata e non particolarmente gradevole. Una prima misura che si può effettuare è quella di misurare la lunghezza delle piastrine, cominciando da quelle che corrispondono ad una distanza di un'ottava. Si nota subito come la lunghezza del Sol basso (115 mm) non è il doppio di quella del Sol dell'ottava superiore (82 mm), come ci si aspetterebbe ingenuamente, ma il loro rapporto è 1.4024, molto simile a $\sqrt{2}$, e in modo simile le lunghezze del Do e del Sol non stanno tra di loro nel rapporto $3/2$[1]. Un secondo passaggio che si può effettuare è quello di misurare le frequenze fondamentali e riportare in un grafico il periodo in rapporto alla lunghezza al quadrato (vedi figura 7.1). Questo risolve il mistero: infatti le misure si dispongo approssimativamente lungo una retta. Quindi il periodo è proporzionale al quadrato della lunghezza, e dunque la frequenza della fondamentale non varia come l'inverso della lunghezza della sbarra, come succede nella corda vibrante e nel tubo, ma come l'inverso del quadrato. Anche lo spettro riserva delle sorprese: le frequenze presenti non sono equispaziate, anzi la distanza tra di loro cresce con regolarità. Per scoprire i motivi di queste caratteristiche, dobbiamo esaminare le proprietà dei modi di vibrazione di una barra elastica.

7.1 Fisica della barra elastica

Una barra costruita con un materiale elastico quando viene colpita vibra in una serie di modi diversi: tra questi, i più importanti sono i modi trasversali, che si hanno quando la barra si flette. Oltre a questi esistono i modi torsionali, che corrispondono

[1] Questo invalida la leggenda di Pitagora e della bottega del fabbro riportata prima

I. Ferrante, *La Fisica del Suono e della Musica*,
https://doi.org/10.1007/978-3-031-86344-8_7

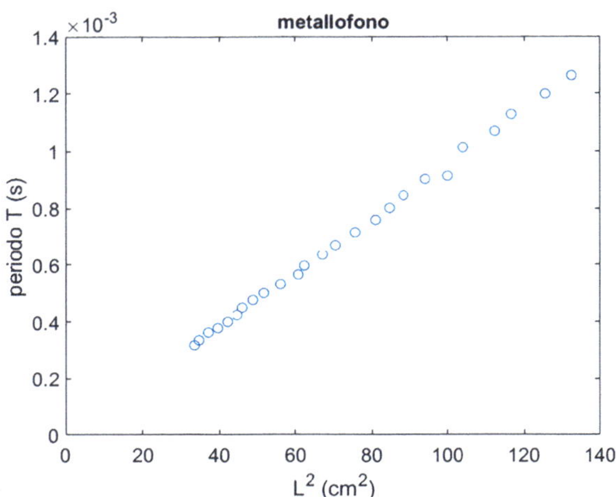

Figura 7.1 Periodo della fondamentale delle note del metallofono in rapporto al quadrato della lunghezza delle barrette: si vede che le due grandezze sono approssimativamente proporzionali (in realtà la retta che attraversa i punti non passa per l'origine), per cui la frequenza fondamentale è inversamente proporzionale al quadrato della lunghezza

ad una torsione della barra intorno al suo asse, ed infine i modi longitudinali che si hanno quando la vibrazione accorcia ed allunga la barra.

La differenza con il caso della corda vibrante sta sia nel fatto che le dimensioni trasversali non sono trascurabili, sia nel fatto che non è la tensione, che nel caso della barretta è nulla, bensì la la caratteristica elastica del mezzo oscillante a produrre la forza di richiamo. Questo ha pesanti conseguenze sui modi e sulle frequenze di oscillazione: innanzitutto, la velocità di propagazione dipende dalla frequenza f: si dice che le onde si propagano in modo dispersivo lungo la barretta. Quindi lo spettro della vibrazione non è più armonico: l'armonicità infatti, nel caso della corda vibrante, era assicurata dal fatto che la velocità fosse la stessa per tutte le onde. Nell'ipotesi in cui la barretta sia a sezione costante e costruita con un materiale omogeneo, le quantità che influiscono sulla velocità delle onde elastiche sono la sezione della barretta, sintetizzata in una quantità detta "raggio di girazione", indicata dal simbolo K, la densità del materiale ρ ed infine le proprietà elastiche, e più precisamente il cosiddetto modulo di Young[2] del materiale, che è proporzionale alla forza necessaria per ottenere un certo allungamento di un campione di materiale. Più precisamente,

$$Y = \frac{F}{S\epsilon}$$

dove ϵ è l'allungamento percentuale e F/S la forza divisa per la sezione del materiale. Il modulo di Young si misura pertanto in $\mathrm{N/m^2}$, ovvero in *Pascal*. Nei materiali elastici di uso comune, il modulo di Young assume valori intorno a 10^{10} Pa, ma può raggiungere e superare i 10^{11} Pa nell'acciaio.

[2] Thomas Young, (1773–1829), è stato un fisico inglese noto anche per essere stato uno dei primi decifratori dei geroglifici.

In termini di queste quantità la velocità delle onde risulta uguale a:

$$v_t = \sqrt{2\pi f K}\sqrt[4]{\frac{Y}{\rho}}$$

Visto che la velocità dipende dalla frequenza, allora quest'ultima non risulterà direttamente proporzionale alla lunghezza d'onda. Come risultato, a differenza del caso della corda vibrante, la frequenza fondamentale di oscillazione non è inversamente proporzionale alla lunghezza, bensì al quadrato della lunghezza. Inoltre gli spettri non sono armonici: le parziali successive alla prima non sono multiple della fondamentale. I modi e le rispettive frequenze di oscillazione dipenderanno inoltre dai vincoli cui la sbarretta è sottoposta, ovvero se è libera di oscillare, se è bloccata in un estremo o in un punto, o infine se è semplicemente poggiata: si veda ad esempio [33, 34]. Vedremo nel seguito due casi particolari.

7.2 Autocostruzione: campane tubolari

Una campana tubolare è uno strumento a percussione in cui il vibratore è costituito da un tubo sospeso. Trascurando la piccola forza esercitata dal filo che permette la sospensione, il tubetto può essere considerato come se avesse le estremità libere: in casi come questo, si può dimostrare che la frequenza delle parziali è data dalla formula:

$$f_n = \frac{\pi K}{8L^2}\sqrt{\frac{Y}{\rho}}(2n+1)^2 = f_0(2n+1)^2 \tag{7.1}$$

dove l'indice $n = 1$ identifica il modo fondamentale di frequenza più bassa: la frequenza delle parziali è pertanto proporzionale al quadrato dei numeri dispari, a partire da 3. Inoltre, come già detto, la fondamentale è inversamente proporzionale alla lunghezza del tubo. In figura 7.2 viene mostrato lo spettro del suono ottenuto colpendo un tubo di alluminio lungo 92 cm e di diametro 25 mm: si vede che le parziali non sono equispaziate.

Le forme dei modi di oscillazione sono mostrate in figura 7.3: non si tratta, come si potrebbe pensare, delle stesse forme dei modi della corda vibrante, ma di funzioni leggermente più complesse.

La dipendenza dalla lunghezza è molto ben verificata: in figura 7.4 viene mostrata la dipendenza del periodo della frequenza fondamentale in funzione della lunghezza ottenuta percuotendo gli stessi tubetti adoperati per la figura 6.5, confrontati con la formula 7.1 con $n = 1$.

A questo punto ne sappiamo abbastanza per costruire un set di campane tubolari: dapprima si sceglie un tipo di tubo metallico tra quelli disponibili in ferramenta. Si può scegliere tipicamente tra rame, ottone, acciaio, alluminio. I tubi più economici sono in alluminio e vanno benissimo: solitamente si vendono a pezzature da uno

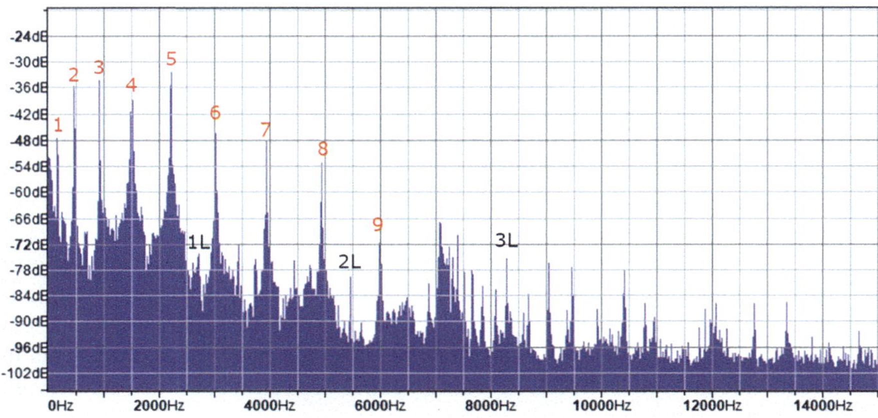

Figura 7.2 Spettro del suono ottenuto percuotendo un tubo di alluminio lungo 92 cm e di diametro pari a 25 mm. Si vede che le parziali non sono equispaziate. Sono segnate anche le frequenze dei cosiddetti modi longitudinali, che corrispondono a modi di vibrazione in cui la sbarretta si allunga e si accorcia

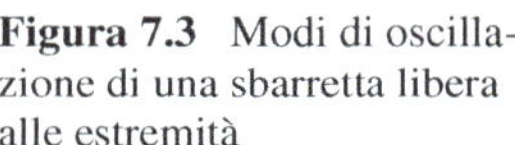

Figura 7.3 Modi di oscillazione di una sbarretta libera alle estremità

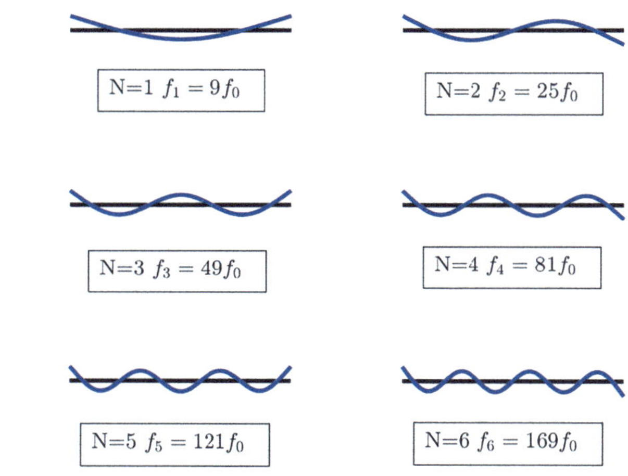

o due metri. Piuttosto che adoperare la formula 7.1 conviene adoperare la formula semplificata:

$$f_{fond} = \frac{1}{(\alpha L^2)} \tag{7.2}$$

dove la costante α contiene sia le caratteristiche del materiale che il suo diametro. La costante α può essere misurata: si prende un pezzo di tubo, lo si lega in corrispondenza di uno dei nodi del modo fondamentale, lo si sospende e lo si percuote. Il suono prodotto viene registrato ed analizzato mediante Audacity. Infine a partire dalla misura della fondamentale e dalla lunghezza si ricava il valore di α: per il tipo di tubo da me scelto, risultava $\alpha \approx 1.5 \cdot 10^{-6}\ \mathrm{s/cm^2}$.

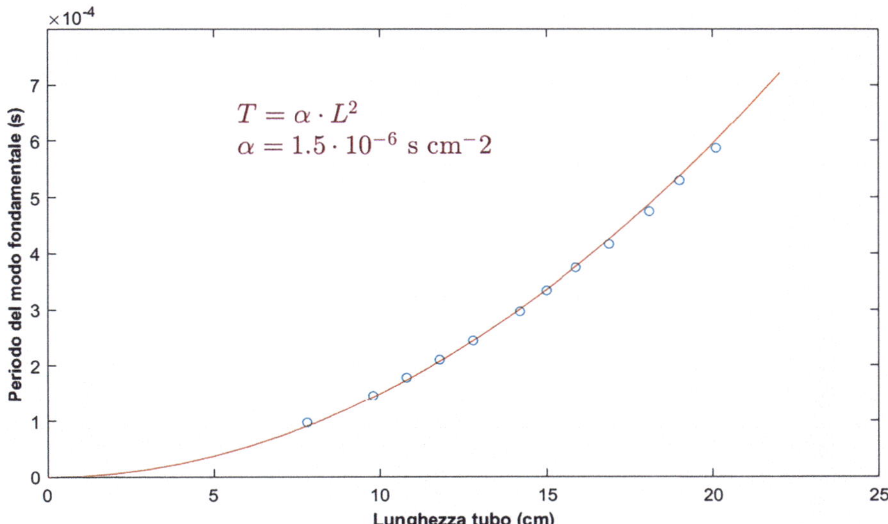

Figura 7.4 Periodo del modo fondamentale di vibrazione trasversale in funzione della lunghezza di un gruppo di tubetti di alluminio (gli stessi adoperati per la misura di figura 6.5. I tubetti erano di diametro interno ed esterno di 10 ed 8 mm rispettivamente, sospesi in corrispondenza di uno dei nodi del modo fondamentale, e percossi al centro

A questo punto comincia la progettazione vera e propria: si decide quale deve essere l'estensione dello strumento, si cercano le frequenze che debbono essere intonate, ed in base a queste si calcola la lunghezza del tubo. Bisogna fare però attenzione ad una particolarità: visto che il suono non è armonico, non è detto che la frequenza percepita corrisponda con la fondamentale: se il tubo è abbastanza corto, le parziali sono molto spaziate tra di loro per cui non si fondono in un unico suono: l'altezza percepita corrisponde alla frequenza della fondamentale. Nel caso dello strumento da orchestra, invece, con barre lunghe poco più di un metro, le parziali sono più fitte, e la presenza di altri strumenti fornisce altri riferimenti di altezza: in questo caso il nostro cervello tende ad identificare la 4^a, 5^a, e 6^a parziale, che stanno nel rapporto $81 : 121 : 169 = 2 : 2.99 : 4.17$ come se stessero nel rapporto $2 : 3 : 4$, e ricostruisce una inesistente fondamentale, un'ottava sotto la quarta parziale, cui attribuisce l'altezza del suono.

Quelle che ho costruito come prototipo lavorano nel primo regime: per motivi pratici ho deciso di costruire uno strumento in grado di suonare un'ottava nella scala di La maggiore. Le lunghezze dei tubetti, ricavati in base alla formula 7.2 sono riportate in tabella 7.1 Ognuno dei tubi è stato forato in corrispondenza del nodo del modo fondamentale, ed attraverso il foro è stato fatto passare un filo, a sua volta teso in una cornice.

L'apparecchio finale è mostrato in figura 7.5

Costruzioni alternative sono descritte in [35–37].

Tabella 7.1 Lunghezza dei tubetti di alluminio adoperati per la costruzione delle campane tubolari

Nota	La_5	Si_5	$Do_6\sharp$	Re_6	Mi_6	$Fa_6\sharp$	$Sol_6\sharp$	La_6
f (Hz)	880	988	1109	1175	1318	1480	1661	1760
L (cm)	25.3	23.9	22.5	21.9	20.7	19.5	18.8	17.9

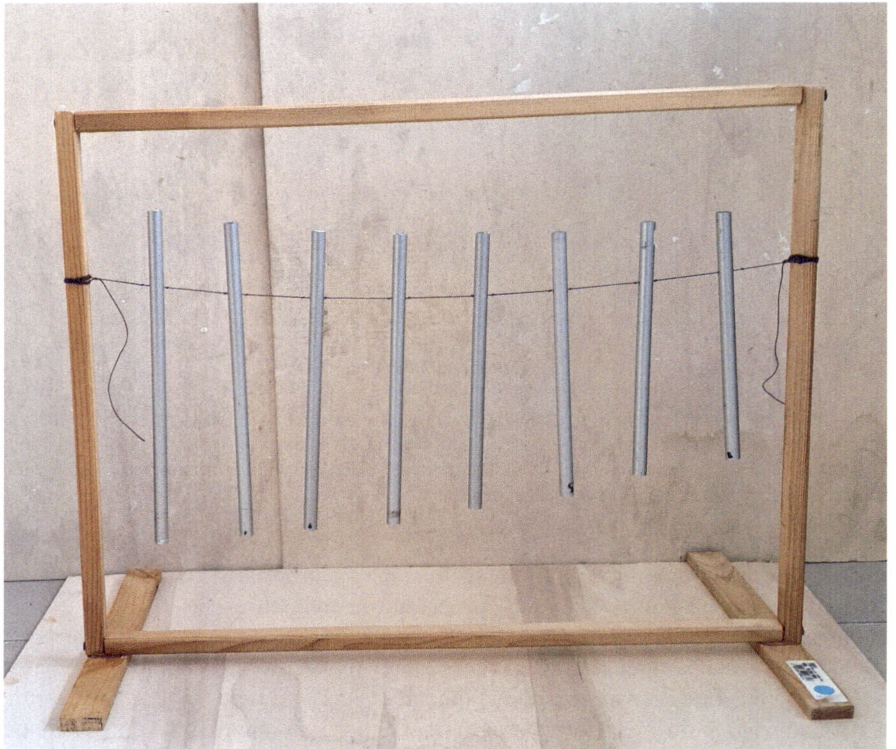

Figura 7.5 Campane tubolari autocostruite seguendo l'esempio

7.3 Autocostruzione: la Kalimba

La kalimba è uno strumento musicale primitivo molto semplice da costruire: consiste in una scatola di legno che serve da cassa armonica a cui sono fissate ad una sola estremità delle sbarrette elastiche di lunghezza diversa. La kalimba viene suonata pizzicando con i pollici le lamine all'estremo libero.

La formula che prevede la frequenza fondamentale di vibrazione di una sbarretta fissata ad un estremo è simile a quella delle campane tubolari:

$$f_{fond} = 0.162 \cdot \frac{a}{L^2} \sqrt{\frac{Y}{d}}$$

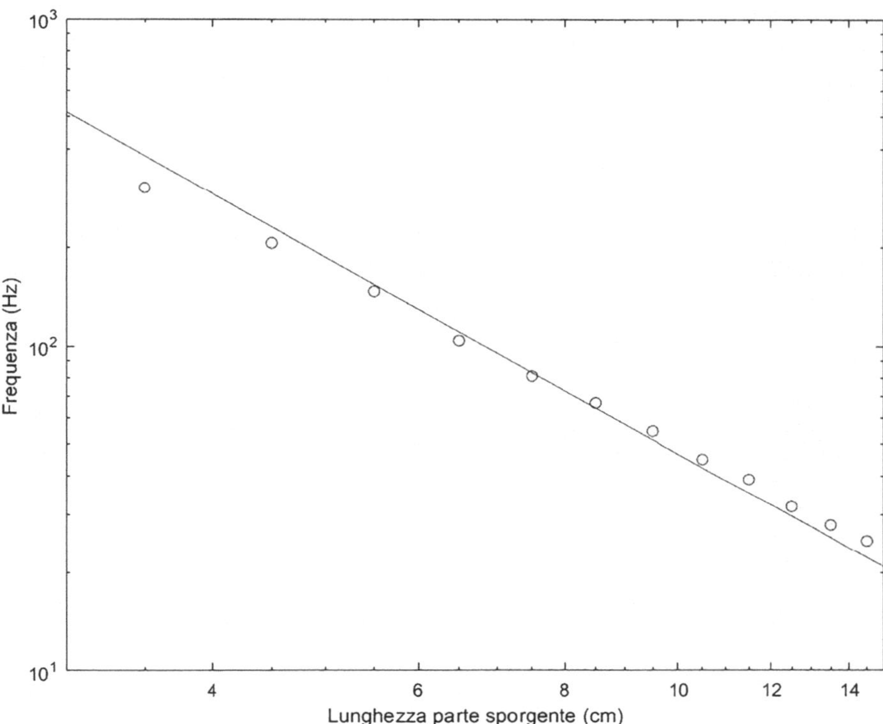

Figura 7.6 Frequenza fondamentale di vibrazione di un righello appoggiato su un tavolo in funzione della lunghezza della parte sporgente. La linea rossa corrisponde ad una dipendenza dall'inverso del quadrato

dove a è lo spessore della sbarra, L la sua lunghezza, Y il modulo di Young e d la densità del materiale.

Per testare la dipendenza dall'inverso del quadrato della lunghezza, è possibile effettuare un esperimento con poca fatica.

Come esempio, ho utilizzato un righello scolastico di plastica, spesso 2 mm, appoggiato sul bordo del tavolo e bloccato in modo tale da consentire la vibrazione solo della parte sporgente. Pizzicando l'estremità del righello, ed analizzando il suono emesso, si misura la frequenza fondamentale di oscillazione. Il risultato è mostrato in figura 7.6: come si vede, la dipendenza quadratica è verificata con buona precisione, soprattutto quando la parte sporgente è lunga e la frequenza bassa.

La formula che fornisce le frequenze dei modi di vibrazione superiori è data da:

$$f_n \approx 2.81 \cdot (n - \frac{1}{2})^2 \cdot f_{fond} \tag{7.3}$$

per $n \geq 2$.

Una Kalimba molto semplice può essere costruita adoperando dei listelli di legno o plastica o meglio ancora metallo: ad esempio, volendo utilizzare materiale di recupero, sbarrette di ghiaccioli, palette da caffè o lamine ricavate da un vecchio tergicristallo. I listelli vengono bloccati ad una estremità tra due sbarrette di legno e fissati con due o più viti, lasciando sporgere una parte della sbarretta di lunghezza opportuna. Per realizzare uno strumento con una ottava di estensione, a causa della dipendenza dall'inverso del quadrato, la lunghezza della sbarretta più corta, che dà la nota più acuta, deve essere $1/\sqrt{2} \approx 0.71$ volte la lunghezza della sbarretta più lunga. Le lunghezze intermedie possono essere trovate ricordando che salire di un semitono equivale a moltiplicare la frequenza di $\sqrt[12]{2} \approx 1.06$, e pertanto accorciare la sbarretta di $\sqrt[24]{2} \approx 1.03$. L'accordatura finale tuttavia va effettuata a partire dalle lunghezze teoriche armandosi di pazienza e tirando o spingendo le linguelle fino ad ottenere la nota corretta, aiutandosi con un accordatore. Infine il tutto va fissato solidamente al bordo di una scatola risonante, preferibilmente di legno, con un foro al centro che migliori l'emissione del suono. Nella Kalimba la lamina più lunga viene posta al centro e le altre ai lati alternativamente a destra e sinistra. Una analisi più dettagliata dei modi di vibrazione di una Kalimba è presente in [38].

Capitolo 8
Membrane vibranti

Una membrana tesa, come quella di un tamburo, può vibrare in differenti modi diversi. Le frequenze, ed i modi, dipendono certamente dalla tensione della membrana e dalla sua massa per unità di superficie, ma anche e soprattutto dalla forma e dagli eventuali vincoli che influenzano la vibrazione. I diversi modi sono caratterizzati dalle cosiddette linee nodali: ovvero quelle regioni della superficie che rimangono immobili durante la vibrazione. Le linee nodali riflettono la simmetria della superficie e dei vincoli: nel caso di una membrana cilindrica tesa uniformemente, ad esempio, le linee modali sono diametri e cerchi concentrici. Esistono due tipi di membrane: quelle morbide poste in tensione, in cui la forza di richiamo è prodotta dalla tensione, e quelle rigide, in cui invece la forza di richiamo dipende dalle proprietà elastiche. In entrambi i casi, è possibile scrivere le equazioni che regolano il moto della membrana, ma la risoluzione non è sempre agevole, e spesso è necessario ricorrere a simulazioni al computer. In ogni caso, comunque, il suono non è mai armonico, e le parziali obbediscono a delle leggi molto complicate. Per questo motivo, il suono del tamburo non presenta una altezza definita e viene adoperato generalmente come elemento ritmico. Tuttavia, percuotendo la membrana del tamburo in maniera opportuna (al centro o sul bordo) in corrispondenza di un ventre, e toccando con l'altra mano in corrispondenza di una linea nodale, si riescono ad eccitare i singoli modi, o un piccolo gruppo di essi, riuscendo a dare una sensazione generica di altezza che permette di aumentare la varietà del supporto ritmico. Esiste una eccezione importante, tuttavia, ed è quella dei timpani, costruiti in modo da interagire con l'aria contenuta nel supporto, che sono in grado di suonare alcune (poche) note tramite un meccanismo a pedale in grado di variare la tensione della membrana.

Simili alle membrane sono le lastre elastiche, in cui però la forza di ritorno non è garantita dalla tensione cui sono sottoposte bensì dalla elasticità del materiale con cui sono costruite. Anche le lastre elastiche presentano dei modi complessi che dipendono, oltre che dalle caratteristiche geometriche e fisiche della lastra, anche dai vincoli cui sono sottoposte. Un esempio di strumento costituito da una lastra elastica è il gong, che ovviamente non presenta una altezza ben precisa: tuttavia, dopo un lungo transiente iniziale, in cui diverse armoniche risultano percepibili,

I. Ferrante, *La Fisica del Suono e della Musica*,
https://doi.org/10.1007/978-3-031-86344-8_8

Figura 8.1 Ernst Chladni (1756–1827)

rimane una sola unica frequenza molto bassa e persistente. Ma alla famiglia delle lastre elastiche appartengono anche le tavole sonore delle casse armoniche degli strumenti musicali: queste infatti, sotto l'azione delle corde, vibrano trasferendo l'energia della corda all'aria circostante: e la vibrazione è tanto più intensa quanto più la frequenza delle armoniche prodotte dalla corda vibrante si avvicina alle frequenze di vibrazione propria della tavola armonica. Pertanto la tavola armonica imprime la propria impronta sul suono prodotto dal violino, o dalla chitarra: per questo motivo, i liutai esperti studiano i modi delle tavole armoniche dei loro strumenti, e le assottigliano e modificano nei punti opportuni in modo da ottenere il suono desiderato.

Per osservare i modi di oscillazioni esiste un metodo molto spettacolare, dovuto al fisico tedesco Ernst Chladni (figura 8.1) che lo sviluppò nei primi anni dell'800: si ricopre la superficie di cui si vogliono studiare i modi con una polvere sottile e leggera, e si mette in oscillazione la piastra cercando di selezionare un modo particolare. La polvere salterà via dalle regioni in cui l'ampiezza di vibrazione è alta, ma rimarrà aderente alla piastra dove la vibrazione è nulla o quasi: in questo modo verranno messe in evidenza le linee nodali. La tecnica tradizionale prevede l'uso dell'archetto di violino per eccitare i vari modi, ma sono possibili alternative più semplici da adoperare. Chladni presentò il suo esperimento a diverse personalità, tra cui Goethe e Napoleone, che lo ascoltò con notevole interesse [39].

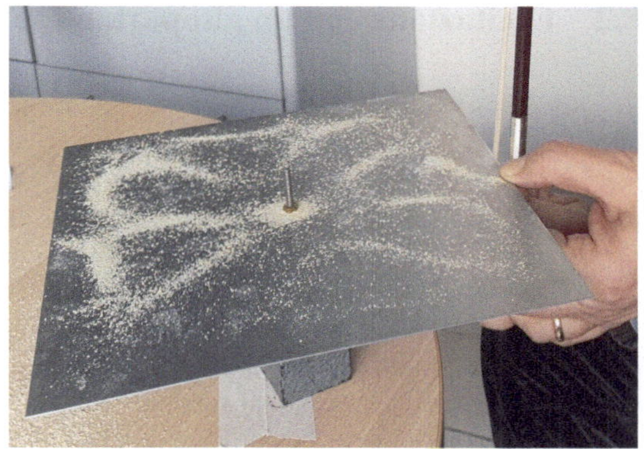

Figura 8.2 Come mettere in vibrazione la piastra con l'archetto. Il pollice si trova in corrispondenza di una delle linee nodali, mentre l'archetto sfrega in corrispondenza dei ventri

8.1 Classico esperimento di Chladni

L'esperimento classico di Chladni è molto semplice da ripetere, anche se richiede un po' di cura: bisogna procurarsi una piastra di metallo, meglio se acciaio o alluminio, ma anche ferro va bene. Deve essere una piastra abbastanza elastica, non troppo spessa: io ne ho provato diverse, tra 1 e 2 mm di spessore, di ferro e di alluminio. La forma classica è quella quadrata, ma anche circolare va bene, anche se personalmente ho trovato qualche difficoltà a mettere in vibrazione la piastra circolare, che è troppo simmetrica e presenta diversi modi degeneri.

La piastra va forata e bloccata al centro su un supporto rigido, facendo attenzione che rimanga perfettamente orizzontale. I bordi devono essere lisci e non taglienti. Per generare le figure di Chladni, si cosparge la superficie con poca polvere di un colore che faccia contrasto: la sabbia di fiume va benissimo, se setacciata e pulita, il talco e la farina invece si appiccicano: io ho ottenuto i risultati migliori con la polenta precotta, con i chicchi leggeri e ben sgranati. Per mettere in vibrazione la piastra si adopera un archetto di violino: attenzione, perché si danneggia facilmente: conviene comprarne uno da poche decine di euro. I crini vanno strofinati con la resina apposita (chi non è pratico è bene che trovi un violinista o un tutorial che spieghi come fare), vanno tenuti ben tesi e durante lo sfregamento devono risultare perfettamente perpendicolari al bordo (si veda figura 8.2). Le figure più spettacolari si ottengono bloccando il bordo con un dito e strofinando ad 1–2 cm di distanza. In figura viene mostrato come tenere l'archetto ed una delle figure ottenute. Si tenga presente che maggiore è la frequenza maggiore sarà il numero di linee nodali visibili, e più piccole risulteranno le aree racchiude dalle linee nodali.

8.2 Eccitazione con un altoparlante

Si ottengono risultati molto efficaci mettendo in vibrazione la piastra tramite un altoparlante. L'altoparlante va collegato al pc o al telefonino tramite un amplificatore: inoltre, per mettere in vibrazione la piastra, di solito molto rigida, conviene assicurare il contatto fisico tra l'altoparlante e la piastra stessa. Io ho adoperato un altoparlantino leggero, il cui centro è stato incollato alla piastra con del nastro biadesivo mentre il resto della struttura rimaneva libero di vibrare. L'altoparlante è stato fissato vicino al centro della piastra, dove la piastra è più rigida, in modo da disturbare meno i modi di vibrazione. Per generare le frequenze di eccitazione è stato usato un programma in grado di sostituire un generatore di segnali: ne esistono svariati, sia per smartphone che per PC, o anche online, come ad esempio https://www.szynalski.com/tone-generator/. Alcune delle figure più interessanti sono mostrare in figura 8.3.

8.3 Vibrazioni di una membrana leggera

Questo esperimento è una variazione di quello precedente, ma molto più semplice da costruire, un po' meno da fare funzionare, ma comunque d'effetto. Servono solamente una scatola cilindrica (io ho adoperato quella del latte in polvere), un palloncino ed un altoparlante bluetooth abbastanza piccolo da entrare nella scatola (si trovano a pochi euro). Si mette l'altoparlante nella scatola, dopo averlo collegato ad un telefonino, e si tende la membrana del palloncino sull'apertura: il beccuccio del palloncino va tagliato quel tanto che basta per riuscire ad "incappucciare" la scatola in modo stabile. La membrana deve essere tesa quanto più uniformemente possibile, anche se non si raggiungerà un risultato perfetto: solitamente la zona centrale risulta meno tesa, ed anche più spessa. A questo punto si aziona sul telefonino una delle tante app generatrici di toni continui, come quella descritta nell'esempio precedente, e si invia un suono sinusoidale di frequenza data all'altoparlante[1]. Bisogna a questo punto armarsi di santa pazienza, e magari di tappi per le orecchie, e cercare le frequenze di risonanza della membrana: in corrispondenza di queste, si vedranno apparire le figure di Chladni, alcune elle quali sono mostrate in figura 8.4.

Ho provato a ripetere lo stesso esperimento adoperando la membrana vibrante di un tamburello, il fondo stesso del barattolo, una scatola di latta da biscotti: in ogni caso si ottengono risultati interessanti, ma spesso le frequenze troppo alte e le ampiezze di oscillazione elevate necessarie per mettere in vibrazione la membrana rendevano l'esperimento molto fastidioso e potenzialmente dannoso per l'udito. Le figure di Chladni possono essere evidenziate anche sulle membrane dei tamburi, come in [40].

[1] Ovviamente si può anche adoperare un computer, l'uso del telefonino aggiunge semplicità all'esperimento.

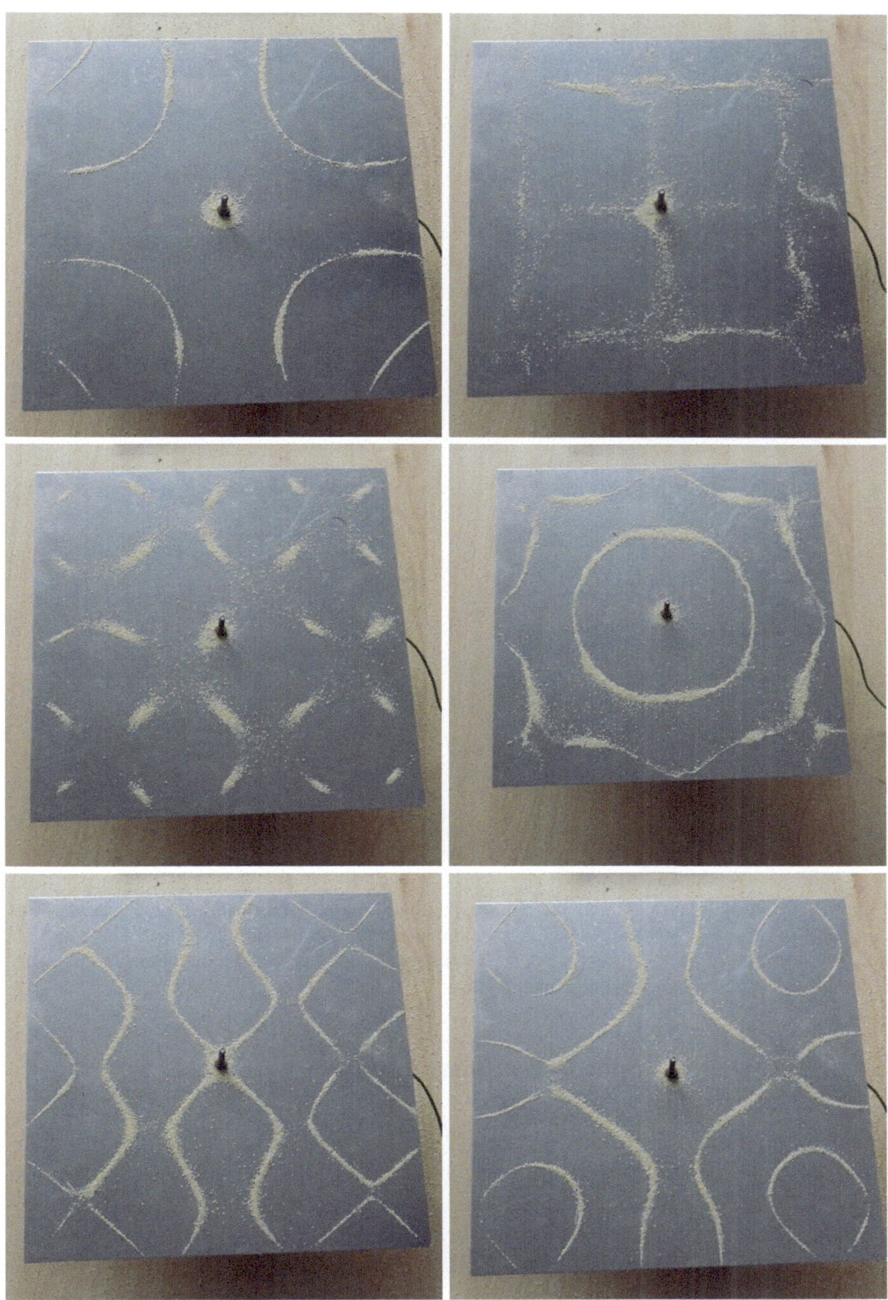

Figura 8.3 Modi di vibrazione della piastra metallica eccitata tramite un altoparlante incollato sulla faccia inferiore. Le frequenze sono 611, 647, 865, 981, 1257, e 1361 Hz

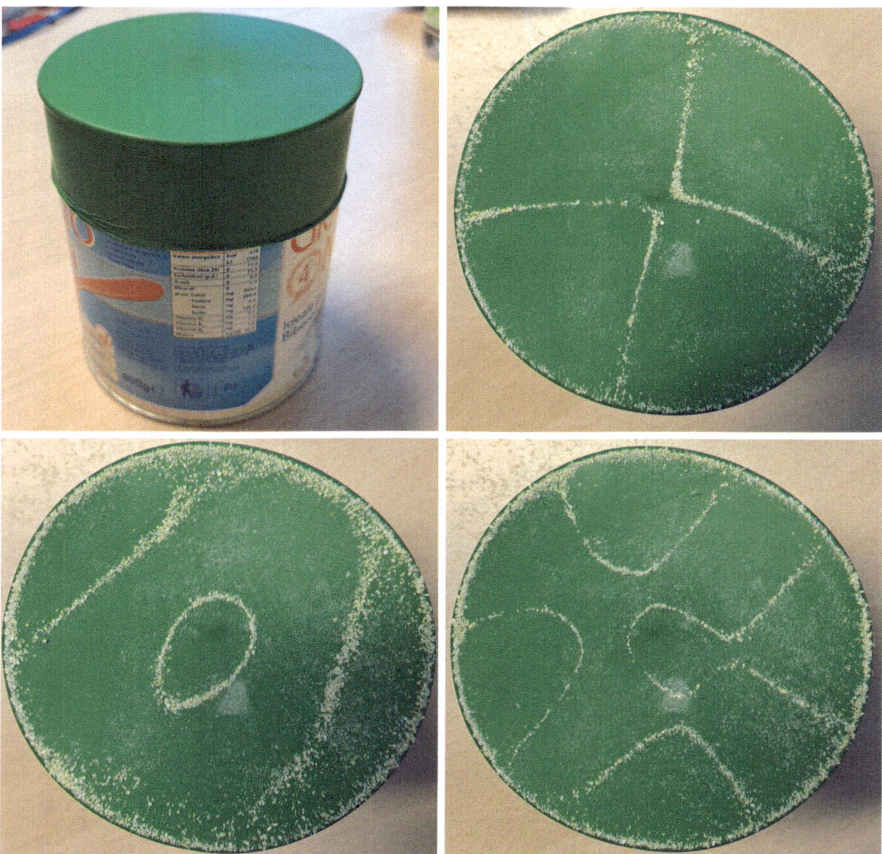

Figura 8.4 Modi di vibrazione di una membrana di gomma tesa (palloncino). Le frequenze sono crescenti, ovvero 443, 561 e 678 Hz. Le linee modali non risultano molto simmetriche perché la tensione non è uniforme. A differenza della lastra di acciaio, il bordo della membrana è vincolato, pertanto corrisponde sempre ad una linea nodale

8.4 Autocostruzione: la Glassharmonica

Un gioco di grande effetto consiste nel far suonare un bicchiere di cristallo sfregandone il bordo con il dito inumidito. Per ottenere un suono limpido e chiaro serve un po' di pazienza: si può ottenere rapidamente un bel suono bagnando il dito con l'aceto. Il meccanismo che mette in vibrazione il bicchiere è lo stesso che viene sfruttato nel violino: l'attrito tra dito e bicchiere crea una piccola deformazione del bordo; man mano che la deformazione aumenta la forza necessaria per mantenerla diventa sempre maggiore, finché si perde l'aderenza tra il dito ed il vetro. Sotto l'effetto delle forze elastiche, il bordo compie una oscillazione, finché viene ripri-

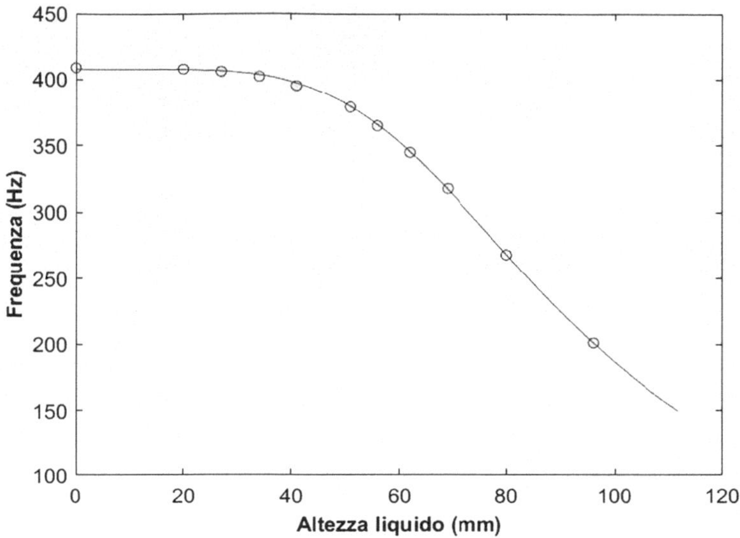

Figura 8.5 Relazione tra la frequenza di oscillazione di un bicchiere sfregato sul bordo e altezza del liquido contenuto. Il bordo del bicchiere si trova a 112 mm di altezza rispetto al fondo, ma se questo è troppo pieno non si riescono ad ottenere le vibrazioni

stinata l'aderenza e la forza di attrito ricomincia ad agire. In questo modo ad ogni oscillazione la forza di attrito statica agisce per un breve tratto, sempre nello stesso punto dell'oscillazione, e ripristina l'energia perduta. La deformazione che viene eccitata è un leggero schiacciamento del bordo che ruota rapidamente. La frequenza di questo modo di oscillazione può essere variata entro certi limiti riempiendo parzialmente il bicchiere d'acqua. La dipendenza dal volume d'acqua o dalla distanza dal bordo non è semplice, comunque si trova che una formula abbastanza accurata che dia la frequenza in funzione dell'altezza del liquido nel bicchiere è data da:

$$f^2 = \frac{f_0^2}{1 + \alpha h^n}$$

dove f_0 è la frequenza ottenuta con il bicchiere vuoto, h l'altezza del liquido misurata a partire dal fondo, α e n due parametri che dipendono dalle dimensioni del bicchiere, dalla sua forma, dal tipo di vetro, etc. Il parametro α sarà anche proporzionale alla densità del liquido [41, 42].

Nel grafico mostrato in figura 8.5 viene mostrato l'andamento in funzione dell'altezza del liquido all'interno di un calice abbastanza capiente (volume interno circa 750 cc). I dati sono stati ottenuti svuotando progressivamente il bicchiere inizialmente pieno d'acqua e misurando di volta la frequenza del suono prodotto. Il migliore accordo tra la formula ed i dati si ha per $n \approx 4.7$.

Capita a volte di incontrare per strada dei suonatori ambulanti che suonano delle melodie adoperando diversi bicchieri riempiti ad altezze diverse. Costruire uno di

Figura 8.6 Foto di una Glassharmonica completa di sette note. Le basi dei calici sono fissati ad una tavola di compensato

questi strumenti è estremamente facile: la difficoltà sta solamente nel riuscire a reperire il bicchiere adatto. Ogni bicchiere è accordabile in un insieme di frequenze abbastanza limitato: il calice dell'esempio può essere agevolmente accordato entro un'ottava, ma è difficile ottenere un suono stabile quando il livello oltrepassa la metà. La soluzione è ovviamente quella di munirsi di bicchieri di forma e dimensione diversa. I bicchieri di vetro comune non vanno bene: servono bicchieri di cristallo, anche di qualità non eccelsa: i calici che si acquistano al supermercato di solito vanno bene e sono estremamente economici. A questo punto bisogna armarsi di un po' di pazienza: si fanno risuonare i bicchieri vuoti o mezzi pieni, si misura la frequenza ottenuta, anche con uno smartphone su cui è stato installato un accordatore, si verifica l'esistenza di un intervallo di almeno un'ottava e mezza coperto da uno o più bicchieri, e infine si accordano ad uno ad uno mettendo o togliendo acqua. Infine i bicchieri vanno fissati ad una tavola rigida, come si vede in figura 8.6. Ovviamente è necessario accordali periodicamente in quanto l'acqua tende ad evaporare: inoltre il dito va sempre tenuto bagnato, ed anche questo contribuisce ad abbassare il volume dell'acqua, anche se può essere utile tenere da parte una ciotolina di aceto dove bagnare le dita ogni tanto. Si noti in chiusura che lo stesso modo di oscillazione può essere eccitato semplicemente percuotendo il bicchiere con una bacchetta: ma in quel caso innanzitutto il suono è di brevissima durata, ed in secondo luogo vengono eccitati altri modi non armonici che rendono meno definita l'altezza.

Capitolo 9
Conclusioni

Questa carrellata di esperimenti su acustica, acustica musicale e teoria delle vibrazioni vuole dimostrare che questo tipo di esperienze è al giorno d'oggi perfettamente realizzabile in un piccolo laboratorio didattico, o anche a casa, con piccola spesa. Le principali difficoltà da me riscontrate sono paradossalmente quelle dovute alla necessità di trovare un ambiente abbastanza silenzioso, oppure, al contrario, alla necessità di non arrecare disturbo nel caso di esperimenti eccessivamente rumorosi. Quanto presentato in questo libro non ha assolutamente la pretesa di essere esaustivo: mancano infatti molti possibili prove pratiche da realizzare con un pianoforte come in [43], o con tutti gli altri strumenti musicali che personalmente non avevo a disposizione, o da cui non sono in grado di ricavare un suono. Mi mancano inoltre le abilità necessarie per tentare l'autocostruzione di uno strumento a corda, come ad esempio viene mostrato nell'articolo [44]. Spero comunque che i 3 o 4 lettori di questo testo possano sopperire alle carenze, e prendere spunto da quanto qui descritto per sperimentare su fenomeni più complessi o con metodologie più raffinate.

I. Ferrante, *La Fisica del Suono e della Musica*,
https://doi.org/10.1007/978-3-031-86344-8_9

Riferimenti bibliografici

1. Andrea Frova. *Fisica nella Musica*. Zanichelli, Bologna, 2003.
2. Renato Spagnolo. *Manuale di acustica applicata*. UTET, 2015.
3. Thomas D. Rossing Neville H. Fletcher. *The Physics of Musical Instruments*. Springer Verlag, New York, 1991.
4. Neville D. Fletcher Thomas D. Rossing. *Principles of Vibrations and Music*. Springer Verlag, New York NY, 2004.
5. William M. Hartmann. *Principles of Musical Acoustics*. Springer, New York NY, 2013.
6. Stefan C. Müller Kinko Tsuji. *Physics and Music*. Springer, New York-NY, 2021.
7. Gordon P. Ramsey. *The Physics of Music*. Springer, New York-NY, 2024.
8. Gordon P. Ramsey. Teaching physics with music. *The Physics Teacher*, 53(7):415–418, 10 2015.
9. Hermann Helmholtz. *On the sensation of Tone*. Dover, 1954.
10. Lord Rayleigh Strutt, J. W. *The Physics of Sound*. Dover, 1945.
11. Silvia Bencivelli. *Perché ci piace la musica. Orecchio, emozione, evoluzione*. Sironi, 2015.
12. David Huron. *L'armonia delle voci*. EDT, 2017.
13. Stuart Isacoff. *Temperamento, storia di un enigma musicale*. EDT, 2005.
14. I. Ferrante. La costruzione della scala musicale. In S. Giudici, editor, *Musica, Scienza e linguaggio*, pages 163–176. ETS, Pisa, 2022.
15. Carlos C. Carvalho, J. M. B. Lopes dos Santos, and M. B. Marques. A time-of-flight method to measure the speed of sound using a stereo sound card. *The Physics Teacher*, 46(7):428–431, 2008.
16. Patrik Vogt and Jochen Kuhn. Determining the speed of sound with stereo headphones. *The Physics Teacher*, 50(5):308–309, 05 2012.
17. Sara Orsola Parolin and Giovanni Pezzi. Smartphone-aided measurements of the speed of sound in different gaseous mixtures. *The Physics Teacher*, 51(8):508–509, 11 2013.
18. Sebastian Staacks, Simon Hütz, Heidrun Heinke, and Christoph Stampfer. Simple time-of-flight measurement of the speed of sound using smartphones. *The Physics Teacher*, 57(2):112–113, 02 2019.
19. Ivan F. Costa and Alexandra Mocellin. Noise doppler-shift measurement of airplane speed. *The Physics Teacher*, 45(6):356–358, 09 2007.
20. Sebastián M. Torres and Wilson J. González-Espada. Calculating g from acoustic doppler data. *The Physics Teacher*, 44(8):536–539, 11 2006.
21. Marcelo M. F. Saba and Rafael Antônio da S. Rosa. A quantitative demonstration of the doppler effect. *The Physics Teacher*, 39(7):431–433, 10 2001.
22. Andrea Frova. *Armonia Celeste e dodecafonia*. BUR, 2014.
23. Michael C LoPresto. Experimenting with musical intervals. *Physics Education*, 38(4):309, jul 2003.

I. Ferrante, *La Fisica del Suono e della Musica*,
https://doi.org/10.1007/978-3-031-86344-8

24. Michael C LoPresto. Experimenting with consonance and dissonance. *Physics Education*, 44(2):145, mar 2009.
25. Christopher D. Wentworth. Helium speech: An application of standing waves. *The Physics Teacher*, 49(4):212–215, 04 2011.
26. Isidoro Ferrante. Vibrato rate and extent in soprano voice: a survey on one century of singing. *J Acoustic Soc Am.*, 130(3):1683–1688, 2011.
27. Thomas D. Rossing. *The Science of String Instruments*. Springer, 2010.
28. Fred W. Inman. A standing-wave experiment with a guitar. *The Physics Teacher*, 44(7):465–468, 10 2006.
29. Michael C LoPresto. Experimenting with end-correction and the speed of sound. *Physics Education*, 46(4):437, jul 2011.
30. Michael C. LoPresto. Experimenting with brass musical instruments. *Phys. Educ.*, 38(4):300–308, 2003.
31. Natalie West and Gordon Ramsey. Physics of the french horn. *Proceedings of Meetings on Acoustics*, 42(1):035003, 02 2021.
32. Mark P. Silverman and Elizabeth R. Worthy. Musical mastery of a coke™ bottle: Physical modeling by analogy. *The Physics Teacher*, 36(2):70–74, 02 1998.
33. Michael Hirth, Sebastian Gröber, Jochen Kuhn, and Andreas Müller. Harmonic resonances in metal rods – easy experimentation with a smartphone and tablet pc. *The Physics Teacher*, 54(3):163–167, 03 2016.
34. Michael C. LoPresto. Xylophone bars: Frequency and length. *The Physics Teacher*, 54(6):325–325, 09 2016.
35. David R Lapp. Building a copper pipe 'xylophone'. *Physics Education*, 38(4):316, jul 2003.
36. D. L. R. Oliver. Hollow-tube chimes. *The Physics Teacher*, 36(4):209–210, 04 1998.
37. G. William Baxter and Keith M. Hagenbuch. A student project on wind chimes. tuning in to standing waves. *The Physics Teacher*, 36(4):204–208, 04 1998.
38. David M. F. Chapman. The tones of the kalimba (african thumb piano). *The Journal of the Acoustical Society of America*, 131(1):945–950, 01 2012.
39. H.-J. Stöckmann. Chladni meets napoleon. *Eur. Phy. J. Special Topics*, (145):15–23, 2007.
40. Randy Worland. Chladni patterns on drumheads: A "physics of music" experiment. *The Physics Teacher*, 49(1):24–27, 01 2011.
41. A. P. French. In vino veritas: A study of wineglass acoustics. *American Journal of Physics*, 51(8):688–694, 08 1983.
42. Reuben Leatherman, Justin C. Dunlap, and Ralf Widenhorn. The fourier spectrum of a singing wine glass. *American Journal of Physics*, 87(10):829–835, 10 2019.
43. Michael C LoPresto. Piano demonstrates physics of music. *Physics Education*, 43(5):472, sep 2008.
44. Chris Waltham. A balsa violin. *American Journal of Physics*, 77(1):30–35, 01 2009.

The manufacturer's authorised representative in the EU is Springer Nature Customer Service Centre GmbH, Europaplatz 3, 69115 Heidelberg, Germany. If you have any concerns regarding our products, please contact ProductSafety@springernature.com

Printed and bound by CPI Group (UK) Ltd, Croydon, CR0 4YY
15/07/2026
02167650-0001